─ ちく

幾何学基礎論

D.ヒルベルト

中村幸四郎 訳

筑摩書房

はじめに

　この訳書

　ヒルベルト　幾何学基礎論（第7版 1930）は，昭和18年に出版され，昭和21年に第3版が出たまま，絶版となっていたものであります。原著者のダーヴィッド・ヒルベルトは1943年に亡くなられたので，この原著はヒルベルト生前の最後の版となったわけであります。

　現代の公理論的数学の最初の論著として，この「幾何学基礎論」のもつ古典としての意義，また新しい研究を産出する源泉としての生命は，いまもなお，かわらぬものがあることは周知のことということができましょう。

　このたび，新しく印刷出版されることになりましたが，私はあえて新しく手を加えて，部分的な改修をおこなうことを控えました。むしろ原形を保つほうが，かえってふさわしいと考えたからであります。

　昭和44年10月

中村幸四郎

訳者序

本書は

David Hilbert, *Grundlagen der Geometrie*. 7. Aufl. (Berlin 1930)

の本論と，同じ著者による論文

Über den Zahlbegriff (同上，Anhang VI)

および講演

Axiomatisches Denken (Hilbert, *Gesam. Abh.* Bd. 3. 146-156)

の邦訳，およびこれらの著作に関する訳者の解説とを収録する．

十九世紀の後期において集合論の背理が発見されていわゆる「数学の基礎の危機」が起こってきた．このときにあたってヒルベルトは新しい意味における公理の理論を創り，いわゆる公理主義の，形式主義の数学を建設し，これによってこの危機を打開し，すでにえられた数学の重要な諸成果を否定損耗から救おうとしたのである．この幾何学基礎論はこの見地に立つヒルベルトの数学の基礎に関する研究の最初の著作である．後に解説において言及するごとく，ヒルベルトの理論によってもこの「危機」の打開は現

在にいたっても成就しえられないのではあるが，ヒルベルトの公理の理論は，その後，特に前大戦以後に発展した現代の数学一般に対して特有なる研究方法を与え，かつこれを思想的に裏づけるものとなっている．

したがってこの幾何学基礎論は現代の数学に志す人々，および現代の数学思想をとらえんとする人々がまず経過し，克服しなければならぬ古典の一つであるということができよう．

これらの著作を訳出するにあたり，訳者は能う限りの数学的および語学的注意をはらい，また研究設備の許す限りで文献調査等にも努めたのではあるが，あるいは重大な過誤，研究の不十分の点などのないかをおそれている次第である．

またこの古典の邦訳を訳者にすすめ，思想上学問上訳者を鼓舞してくださった親しき人々に対して感謝と敬愛の微意を表明したいと思う．

　　昭和十七年十一月

　　　　　　　　　　　　　　　　　　　　　中村幸四郎

目　　次

はじめに …………………………………… 3
訳者序 ……………………………………… 5
幾何学基礎論 ……………………………… 11
序 ………………………………………… 13
第1章　五つの公理群 …………………… 15
　§ 1.　幾何学の構成元素と五つの公理群　15
　§ 2.　公理群 I：結合の公理　16
　§ 3.　公理群 II：順序の公理　18
　§ 4.　結合公理と順序公理からの結論　20
　§ 5.　公理群 III：合同の公理　27
　§ 6.　合同公理からの結論　33
　§ 7.　公理群 IV：平行の公理　52
　§ 8.　公理群 V：連続の公理　54
第2章　公理の無矛盾性および相互独立性 …… 59
　§ 9.　公理の無矛盾性　59
　§10.　平行の公理の独立性（非ユークリッド幾何学）　64
　§11.　合同の公理の独立性　75
　§12.　連続の公理 V の独立性（非アルキメデス幾何学）　78

第3章 比例の理論 …………………… 83

- §13. 複素数系　83
- §14. パスカルの定理の証明　86
- §15. パスカルの定理に基づく線分算　95
- §16. 比例と相似定理　101
- §17. 直線および平面の方程式　104

第4章 平面における面積の理論 …………… 109

- §18. 多角形の分解等積と補充等積　109
- §19. 同底，同高の平行四辺形と三角形　112
- §20. 三角形および多角形の面積測度　117
- §21. 補充等積性と面積測度　122

第5章 デザルグの定理 …………………… 129

- §22. デザルグの定理とその合同公理による平面における証明　129
- §23. 平面において合同公理なしにデザルダの定理は証明不可能　132
- §24. 合同公理によらざるデザルグの定理に基づく線分算の導入　135
- §25. 新線分算における加法の交換律と結合律　139
- §26. 新線分算における乗法の結合律と二つの分配律　142
- §27. 新線分算に基づく直線の方程式　147
- §28. 複素数系とみなした線分の全体　150
- §29. デザルグ数系を用いる立体幾何学の構成　151

§30. デザルグの定理の意義　155
第6章　パスカルの定理 …………………… 157
　§31. パスカルの定理の証明可能に関する二つの定理　157
　§32. アルキメデス数系における乗法の交換律　158
　§33. 非アルキメデス数系における乗法の交換律　160
　§34. パスカルの定理に関する二つの証明（非パスカル幾何学）　164
　§35. パスカルの定理による任意の交点定理の証明　165
第7章　公理 I-IV に基づく幾何学的作図 …… 171
　§36. 定規と定長尺とを用いる幾何学的作図　171
　§37. 定規と定長尺を用いる幾何学的作図の実行可能の鑑定法　176

結　語 …………………………………… 183

数の概念について ………………………… 185
公理論的思惟 ……………………………… 193

解説（中村幸四郎）……………………… 211
　§1. ヒルベルトの幾何学基礎論の成立　211
　§2. ヒルベルトの幾何学基礎論の立場　216
　§3. ヒルベルトの幾何学基礎論の問題　224

解説　中村幸四郎畢生の訳業（佐々木力）………… 233

幾何学基礎論

> 斯くの如く人間のあらゆる認識は直観をもって始まり，
> 概念にすすみ，理念をもって終結する．
> カント，純粋理性批判，原理論，第2部，第2門[*]

序

　幾何学は——算術と同様に——その矛盾なき建設のために極めて少数の，かつ簡単な基本命題を必要とする．この基本命題を**公理**という．幾何学の公理を設定し，かつその相互関係を研究することはユークリッド以来あまたのすぐれたる数学の文献において論ぜられた問題であるが，これはわれわれの空間的直観を論理的に分析することにほかならない．

　本研究は幾何学に対して，一つの**完全**なまた**できるだけ簡単**な公理の体系を設定し，かつこれらの公理から最も重要な幾何学の定理を導き，同時にそれぞれの公理群の意味と，個々の公理から導きうる結論の範囲を明らかにせんとする一つの新しい試みである．

　　＊）（訳者註）天野貞祐訳，下巻（1931）第447頁．

第1章　五つの公理群

§1. 幾何学の構成元素と五つの公理群

定義　われわれは三種類の物の集まりを考える：**第一の集まりに属するものを点**と名づけ $A, B, C, \cdots$ をもって表わし；**第二の集まりに属するものを直線**と名づけ $a, b, c, \cdots$ をもって表わし；**第三の集まりに属するものを平面**と名づけ $\alpha, \beta, \gamma, \cdots$ をもって表わす：また点を**直線幾何学の構成元素**，点と直線とを**平面幾何学の構成元素**，点，直線および平面を**立体幾何学**または**立体の構成元素**という．

われわれは点，直線，平面をある相互関係において考え，この関係を表わすのに『横たわる』，『間』，『合同』，『平行』，『連続』などの言葉を用いる．そして**幾何学の公理**によってこれらの関係を正確に，かつ数学上の目的に対して完全に記述する．

幾何学の公理はこれを五群に分かつことができる；これらの群のおのおのは，ある同じ種類のわれわれの直観の基礎事実を言い表わす．これらの公理群を次のごとく名づける：

I$_{1-8}$.　**結合の公理**,
II$_{1-4}$.　**順序の公理**,
III$_{1-5}$.　**合同の公理**,
IV.　　**平行の公理**,
V$_{1-2}$.　**連続の公理**.

§2. 公理群 I: 結合の公理

　この群の公理は上に導入したもの，すなわち点，直線，および平面の間に**結合関係**を確立する；すなわち

　I$_1$.　二点 A, B に対し，これらの二点のおのおのと結合する少くとも一つの直線がつねに存在する.

　I$_2$.　二点 A, B に対し，これらの二点のおのおのと結合する直線は一つより多くは存在しない.

　ここで二つ，三つ，…の点，直線あるいは平面とはつねにそれぞれ「相異」なる点，直線または平面を意味するものとする．以下においても同様．

　『結合する』という代わりにわれわれはまた他の言葉を用いる，例えば「a が A および B を通る」，「a が A および B を（あるいは A を B と）結ぶ」，「A が a の上にある（横たわる）」，「A は a の点である」，「a の上に点 A が存在する」等々．A が直線 a の上にあり，かつ他の直線 b の上にあるとき，次のごとく言い表わす：「直線 a と b は A において交わる」，「点 A を共有する」；等々．

　I$_3$.　一直線上にはつねに少くとも二点が存在する．一直線上にない少くとも三点が存在する.

I₄. 同一直線上にない任意の三点 A, B, C に対しその各点と結合する一平面 α が存在する．任意の平面に対しこれと結合する一点がつねに存在する．

われわれはまた次のごとく言い表わす：「A が α の上にあり」；「A は α の点である」；等々．

I₅. 同一直線上にない任意の三点 A, B, C に対し，三点 A, B, C のおのおのと結合する平面は一つ以上は存在しない．

I₆. 一直線 a の上にある二点 A, B が平面 α 上にあれば，a のすべての点は平面 α の上にある．

この場合に「直線 a は平面 α の上にある」という．

I₇. 二平面 α, β が一点 A を共有すれば，これらの平面はさらに少くとも一点 B を共有する．

I₈. 同一平面上にない少くとも四点が存在する．

公理 I₇ は空間が三次元以上でないことを表わし，これに反して公理 I₈ は空間が三次元以下でないことを示す．

公理 I₁₋₃ は公理群 I における**平面公理**といい，これに対比して I₄₋₈ を公理群 I における**立体公理**ということができよう．

公理 I₁₋₈ から結果する多くの定理のうち次の二つを述べるだけにとどめる：

定理 1. 一平面上にある二直線は一点を共有するかあるいは共有点なきかのいずれかである；二平面は点を共有しないかあるいは一直線を共有する；一平面とこの上にない一直線は共有点がないかあるいは一点を共有する．

定理 2. 一直線とその上にない点を通って，または一点を共有する相異なる二直線を通ってつねにただ一つの平面が存在する．

§3. 公理群 II：順序の公理[1]

この群の公理は『間』なる概念を定義する，そしてこの概念に基づいて一直線上の点の順序，一平面上の点の順序，および空間にある点の順序が可能になる．

定義 一直線上の点はたがいにある関係を有する．これを記述するのにわれわれは特に『間』なる言葉を用いる．

II$_1$. 点 B が点 A と点 C との間にあれば，A, B, C は一直線上の相異なる三点であって，かつ B はまた C と A との間にある．

第 1 図

II$_2$. 二点 A と C とに対し直線 AC 上につねに少くとも一点 B が存在して C が A と B との間にある．

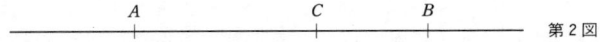

第 2 図

II$_3$. 一直線上にある任意の三点のうちで，他の二点の

---

1) これらの公理はパッシュ (M. Pasch) がその『新幾何学講義』(*Vorlesungen über neuere Geometrie*, Leipzig 1882) において初めて詳細に研究した．特に公理 II$_4$ の内容はパッシュに負う．

間にありうるものは一点より多くはない．

これらの**順序の直線公理**のほかにわれわれはなお一つの**順序の平面公理**を用いる．

定義 一直線 a の上にある二点 A, B を考え，この二点 A および B の組を**線分**と名づけ，AB または BA をもって表わす．A と B との間にある点を線分 AB の点，あるいは線分 AB の**内点**という．点 A, B を線分 AB の**端点**といい，直線 a 上にある線分 AB の内点および端点以外のすべての点を線分 AB の**外点**という．

II_4. A, B, C を一直線上にない三点，a を平面 ABC 上にあって A, B, C のいずれをも通らない直線とせよ．直線 a が線分 AB の点を通ればこれはまた線分 AC もしくは線分 BC の点を通る．

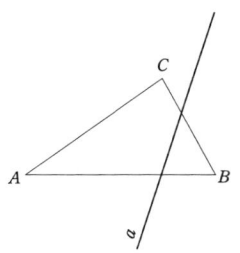

第3図

直観的に言えば，一直線が三角形の内部に入れば，それは再び外部に出てくる．このとき線分 AC および BC が同時に直線 a に交わりえぬことは証明することができる．

§4. 結合公理と順序公理からの結論

公理 I および II から次の諸定理が証明される：

定理 3. 二点 A と C とに対し直線 AC 上において A と C との間にあるごとき少くとも一点 D がつねに存在する．

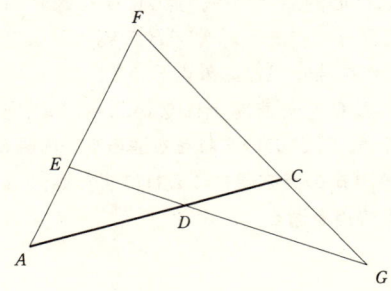

第4図

証明 公理 I_3 により直線 AC 外の一点 E が存在する，また公理 II_2 により AE 上に一点 F が存在して E が線分 AF の点となる．公理 II_2 と II_3 とにより FC 上に線分 FC 上にない一点 G が存在する．したがって公理 II_4 により直線 EG は線分 AC と一点 D において交わらねばならない．

定理 4. 一直線上にある任意の三点 A, B, C のうちで他の二点の間にある一点がつねに存在する．

証明[1] A は B と C との間になく，C は A と B との間にないものとせよ．AC 上にない点を D とし，D と B

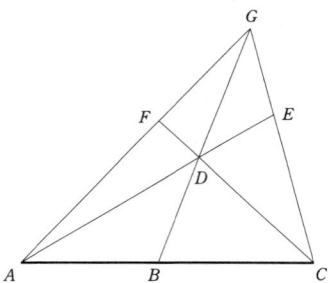

第5図

とを結ぶ．公理 II_2 によりこの連結直線上に一点 G をとり，D を B と G との間にあらしめる．三角形 BCG と直線 AD に公理 II_4 を適用すれば二直線 AD および CG は C と G との間にある一点 E において交わる；同様にして二直線 CD と AG とは A と G との間にある一点 F において交わる．いま公理 II_4 を三角形 AEG と直線 CF とに適用すれば，D は A と E との間にある，同じ公理を三角形 AEC と直線 BG とに適用することにより，B が A と C との間にあることがわかる．

定理 5. 一直線上に任意の四点が与えられたとき，これらの点を A, B, C, D をもって表わし，点 B を A と C との間にありかつ A と D との間にあるごとく，また点 C を A と D との間にありかつ B と D との間にあるごとくすることがつねに可能である[2]．

---

1) この証明はワルド（A. Wald）による．
2) 本定理は本書第一版では公理となっていたがモーア（E. H.

証明 A, B, C, D を直線 g 上の四点とせよ．まず次のことを証明する：

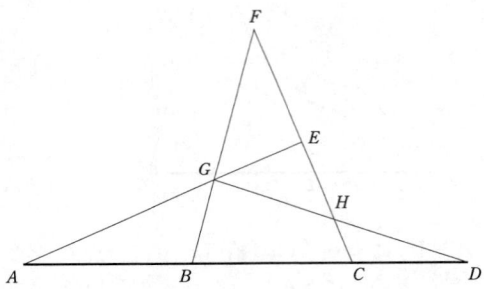

第6図

(1) B が線分 AC 上にあり，かつ C が線分 BD 上にあれば，点 B および C はまた線分 AD 上にある．公理 I_3 および II_2 にしたがい g 上にない点 E および F を選び E を C と F との間にあるごとくする．公理 II_3 および II_4 を繰り返し適用すれば線分 AE と BF とは一点 G において交わり，さらに直線 CF が線分 GD と一点 H において交わる．したがって H は線分 GD の上にあり，E はこれに反

Moore, *Trans. Math. Soc.* 1902) によりここに採用した結合および順序の平面公理から証明されることがわかった．なおこれに関連したヴェブレンおよびシュヴァイツァーの論文（Veblen, *Trans. Math. Soc.* 1904, Schweitzer, *American Journ.* 1909）を参照せよ．一直線上の順序を確定する直線順序公理の独立公理群に関する詳細な研究としては次のものがある．Huntington, A new set of postulates for betweenness with proof of complete independence, *Trans. Math. Soc.* 1924 および *Trans. Math. Soc.* 1917.

し公理 II_3 によって線分 AG の上にないから，公理 II_4 によって直線 EH が線分 AD に交わる，すなわち C が線分 AD の上にある．まったく同様にして B もまたこの線分上にあることが証明される．

(2) B が線分 AC 上にあり，かつ C が線分 AD 上にあれば，C がまた線分 BD 上に，B がまた線分 AD 上にある．g の外に一点 G および他の一点 F を G が線分 BF の上にあるように選ぶ．公理 I_2 および II_3 により直線 CF は線分 AB にもまた線分 BG にも交わらず，したがって II_4 により線分 AG にも交わらない．しかるに C は線分 AD 上にあるから直線 CF は線分 GD に一点 H において交わる．さて再び公理 II_3 および II_4 によって直線 FH が線分 BD に交わる．したがって C は線分 BD の上にある．(2)の主張の残部はしたがって(1)によって証明される．

さて一直線上に任意の四点が与えられたとせよ．そのうちの三点をとり，定理 4 および公理 II_3 によって他の二点の間にある点を Q，他の二点を P および R とし，かつ与えられた最後の第四点を S とする．しかるときは再び公理 II_3 および定理 4 の根拠から S の位置について次の五つの可能な場合を区別することができる：

R が P と S との間にあるか，
P が R と S との間にあるか，
S が P と R との間にあり，かつ同時に Q が P と S との間にあるか，
S が P と Q との間にあるか，あるいは

P が Q と S との間にある.

最初の四つの場合は (2) の仮定を満足し，最後の場合は (1) の仮定を満足する．したがって定理 5 は証明される．

定理 6. （定理 5 の拡張）一直線上に任意の有限個の点が与えられているとき，これらの点を $A, B, C, D, E, \cdots, K$ をもって表わし，点 B を一方 A と他方 $C, D, \cdots, K$ の間にあり，かつ C を一方 A, B と他方 $D, E, \cdots, K$ との間にあり，さらに D を一方 A, B, C と他方 $E, \cdots, K$ との間にある等々とすることができる．この表示法のほかには同じ性質の逆の表わし方 $K, \cdots, E, D, C, B, A$ があるだけである．

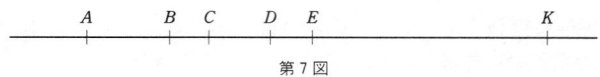

第 7 図

定理 7. 一直線上の任意の二点の間には無限に多くの点が存在する．

定理 8. 一平面 α の上にある任意の直線 a はこの直線上にない平面 α の点を次の性質を有する二つの領域に分かつ：すなわち相異なる領域からそれぞれ任意の一点 A, B をとるとき，それの定める線分 AB の上には直線 a の点が存在し，同一の領域からとった任意の二点 A, A' の定める線分 AA' は a の点を含まない．

定義 点 A, A' を**平面 α の上において直線 a の同じ側にあるといい**，点 A, B を**平面 α の上において直線 a の相**

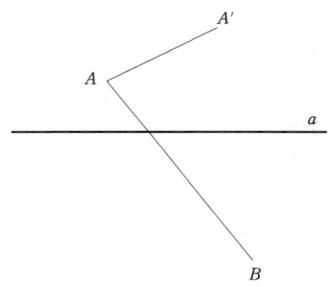

第 8 図

異なる側にあるという．

定義 A, A', O, B を一直線 a 上の四点とし，O は A と B との間にあるが，O は A と A' との間にはないとする；このとき点 A, A' は**直線 a の上において点 O の同じ側**にあるといい，また点 A, B は**直線 a の上において点 O の相異なる側**にあるという．点 O の同一側にある直線 a の点全体をまた**点 O から出る半直線**という；したがって一直線上の任意の点はこの直線を二つの半直線に分かつ．

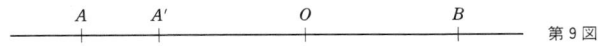

第 9 図

定義 線分 $AB, BC, CD, \cdots, KL$ の組を点 A を点 L に連結する**折線**という；これを単に $ABCD\cdots KL$ をもって表わす．線分 $AB, BC, CD, \cdots, KL$ の内点，および点 $A, B, C, D, \cdots, K, L$ をあわせて**折線の点**という，特に点 A,

$B, C, D, \cdots, K, L$ がすべて同一平面上にあり，かつ点 L が点 A に一致するとき，この折線を多角形と名づけ，多角形 $ABCD\cdots K$ をもって表わす．線分 $AB, BC, CD, \cdots, KA$ を**多角形の辺**，点 $A, B, C, D, \cdots, K$ を多角形の頂点という．3個, 4個, $\cdots$, n 個の頂点をもつ多角形をそれぞれ**三角形, 四角形, $\cdots$, n 角形**という．

定義 多角形の頂点がすべてたがいに異なり，多角形の頂点がその一辺の上にあることなく，かつ多角形のいかなる二辺も共通点がないときこれを**単一多角形**という．

定理8を援用すれば特別の困難なしにわれわれは次の諸定理に到達する：

定理 9. 平面 α 上にある任意の単一多角形は多角形の折線に属しない平面 α の点を次の性質を有する二つの領域，すなわち多角形の**内部**および**外部**に分かつ：すなわち A を内部の一点（内点），B を外部の一点（外点）とすれば，A を B に連結する α にある折線はすべて多角形と少

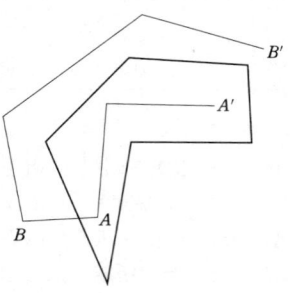

第10図

くとも一点を共有する；これに反し A, A' を内部の二点，B, B' を外部の二点とすれば，A と A' を連結し，または B と B' を連結しかつ多角形と共通点を持たない折線が α の中につねに存在する．内外の両領域を適当に名づけておけば，α の中にあって多角形のまったく外部を走る直線がつねに存在する，これに反し多角形の内部のみを走る直線は存在しない．

定理 10. 任意の平面 α は，この上にない空間の点を次の性質を有する二つの領域に分かつ；すなわち一つの領域の点 A と他の領域の点 B との定める線分 AB 上には α の点が存在する；これに反し同一の領域の二点 A, A' の定める線分 AA' は決して α の点を含まない．

定義 定理 10 の記号をそのまま用いれば，点 A, A' は空間において**平面 α の同じ側**にあり，また点 A, B は空間において**平面 α の相異なる側**にあるという．

定理 10 は立体の構成元素の順序に関して最も重要な事柄を述べている：すなわちこれらの事柄はすべて従来取扱ってきた公理のみからの結論であって，公理群 II において新しい立体順序公理を追加する必要がなかった．

§5. 公理群 III：合同の公理

この群の公理は合同の概念を定義する，またこれを用いて運動の概念をも定義する．

定義 線分はある相互関係を有する；これを表わすのにわれわれは『合同』あるいは『相等』なる言葉を用いる．

III₁. A, B を一直線 a 上の二点とし，さらに A' を同じ直線または他の直線 a' 上の点とするとき，直線 a' の A' に関して与えられた側につねに少くとも一点 B' を見出し，線分 AB が線分 $A'B'$ に合同または相等しくなるようにすることができる，記号で

$$AB \equiv A'B'.$$

この公理は線分を合同に移しうることを要求するものである．その一意に可能なることは後で証明される．

従来線分は単に二点 A, B の組として定義され，AB または BA をもって表わされた．したがって二点の順序は問題とならなかった．それゆえ

$$AB \equiv A'B', \qquad AB \equiv B'A',$$
$$BA \equiv A'B', \qquad BA \equiv B'A'$$

なる式はすべて同意義である．

III₂. 線分 $A'B'$ および線分 $A''B''$ が同一の線分 AB に合同ならば，線分 $A'B'$ はまた線分 $A''B''$ に合同である；換言すれば，二つの線分が第三の線分に合同ならば，これらの線分はたがいに合同である．

合同あるいは相等の概念はこれらの公理によって，はじめて幾何学に導入されるのだから，**任意の線分がそれ自身に合同なること**[*] は初めからまったく自明ではない；しかしこれは線分 AB を任意の半直線上に，例えば $A'B'$ に，合同に移し，しかる後合同関係 $AB \equiv A'B'$, $AB \equiv A'B'$

---

[*] （訳者註）すなわち線分合同の反射性，$AB \equiv AB$.

に公理 III$_2$ を適用すれば，最初の二つの合同公理から証明することができる．

これに基づきさらに公理 III$_2$ を適用すれば線分合同の**対称性**および**推移性**がえられる，すなわち次の定理が成り立つ：

$$AB \equiv A'B' \quad ならば \quad A'B' \equiv AB;$$
$$AB \equiv A'B' \quad かつ \quad A'B' \equiv A''B'' \quad ならばまた$$
$$AB \equiv A''B''.$$

線分合同に対称性が成立することにより，われわれは二つの線分がたがいに**合同**であるということができる．

III$_3$. ***AB*** および ***BC*** を**直線** ***a*** **上の共通点のない二線分**，さらに ***A'B'*** および ***B'C'*** を**同じ直線または他の直線** ***a'*** **上にあって同様に共通点のない線分とせよ．しかるときは**

$$\boldsymbol{AB \equiv A'B' \quad かつ \quad BC \equiv B'C'}$$

ならば，つねにまた

$$\boldsymbol{AC \equiv A'C'}$$

である．

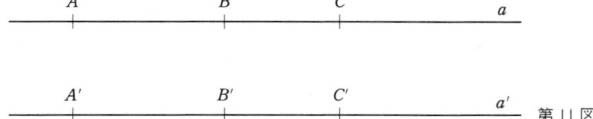

第 11 図

この公理は線分に「加法の可能」なることを言い表わすものである．

線分を合同に移すこととまったく同様に，角を合同に移すことを取扱うことができる．しかし角を移すことの「可能性」のほかに，なおその「一意可能性」を公理として要請しなければならない；これに反し角合同の推移性および角の加法の可能は証明することができる．

　定義 α を任意の平面とし，h, k を一点 O より出で，かつ**相異なる**直線に属する，平面 α 内の相異なる半直線とせよ．この二つの半直線 h, k の組を**角**と名づけ，これを $\angle(h, k)$ または $\angle(k, h)$ をもって表わす．

　半直線 h, k を角の**辺**，点 O を角の**頂点**という．

　平角および平角を超える鈍角はこの定義によれば除外される．

　半直線 h は直線 $\bar{h}$ に属し，半直線 k は直線 $\bar{k}$ に属するとする．半直線 h および k は，これに点 O を附加すれば，平面上の残余の点を二つの領域に分かつ：$\bar{k}$ に対して h と同じ側にあり，かつ $\bar{h}$ に対して k と同じ側にあるすべての点を角 $\angle(h, k)$ の**内部**にあるといい，その他のすべての点をこの角の**外部**にあるという．

　公理 I および II に基づいて両領域には点が存在すること，および角の内部にある二点を連結する線分はつねにまったく角の内部に含まれることが容易にわかる．次の事柄もまた同様に容易に証明することができる：点 H が h 上に，点 K が k 上にあれば線分 HK はまったく角内にある．O から出る半直線はまったく角の内部に含まれるか，あるいはまったく角の外部にある；角の内部にある半直線

は線分 HK に交わる．A, B を相異なる領域の点とすれば，A を B に結ぶ折線は点 O を通るか，または h あるいは k と少くとも一点を共有する；A, A' を同一の領域の点とすれば，点 O を通らずまた半直線 h, k 上の点をも通らない A を A' に連結する折線がつねに存在する．

定義 角はある相互関係を有する，これを表わすのにまた『合同』あるいは『相等』なる言葉を用いる．

III$_4$. 平面 α 内に角 $\angle(h, k)$ が与えられ，平面 α' 内に一直線 a' および a' に関する α' の一つの側が指定されているとする．h' を点 O' から出る直線 a' に属する半直線とせよ；しかるときは角 $\angle(h, k)$ が角 $\angle(h', k')$ に合同あるいは相等となり，かつ同時に角 $\angle(h', k')$ の内点がすべて a' の与えられた側にあるごとき半直線 k' が平面 α' の中にただ一つに限って存在する．記号で $\angle(h, k) \equiv \angle(h', k')$．

任意の角はそれ自身に合同である，すなわちつねに
$$\angle(h, k) \equiv \angle(h, k).$$

あるいは短く：与えられた平面上の与えられた半直線を一辺とし，この直線に対して与えられた側に任意の角をただ一通りに合同に**移す**ことができる．

線分の場合にその方向を問題としなかったのと同様に，角の定義においてはその回転の向きを問題としない．

$$\angle(h, k) \equiv \angle(h', k'), \qquad \angle(h, k) \equiv \angle(k', h')$$
$$\angle(k, h) \equiv \angle(h', k'), \qquad \angle(k, h) \equiv \angle(k', h')$$

なる記号は，したがってすべて同意義である．

定義 頂点が B, 各辺の上にそれぞれ一点 A, C がある角を $\angle ABC$ あるいは単に $\angle B$ をもって表わす.また角をギリシャ小文字で表わすこともあるとする.

III₅. 二つの三角形 ABC および $A'B'C'$ において合同関係

$$AB \equiv A'B', \quad AC \equiv A'C', \quad \angle BAC \equiv \angle B'A'C'$$

が成り立てば,またつねに合同関係

$$\angle ABC \equiv \angle A'B'C'$$

が成り立つ.

三角形なる概念は第 26 頁で定義された.記号を付け替えることにより,上の公理の仮定の下でつねに「二つの合同関係」

$$\angle ABC \equiv \angle A'B'C' \quad \text{および} \quad \angle ACB \equiv \angle A'C'B'$$

が同時に満足される.

公理 III$_{1-3}$ は線分の合同に関する陳述のみを含んでいる,したがって群 III における**直線公理**と言えよう.公理 III$_4$ は角の合同に関する陳述である.公理 III$_5$ は線分の合同および角の合同なる概念の間を結びつける.公理 III$_4$ および III$_5$ は平面幾何学の構成元素に関する陳述であるから,したがって群 III における**平面公理**ということができよう.

線分を合同に移すことの「一意可能性」は角を合同に移すことの一意可能性と公理 III$_5$ の助けとによって証明される.線分 AB が A' から出る半直線上に二通りに,$A'B'$ および $A'B''$ と,合同に移せたとせよ.しかるときは直線

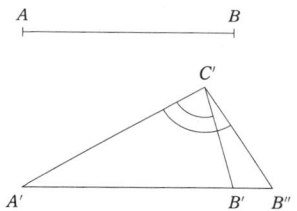

第12図

$A'B'$ 外に一点 C' を選んで合同関係
$$A'B' \equiv A'B'', \quad A'C' \equiv A'C',$$
$$\angle B'A'C' \equiv \angle B''A'C'$$
がえられる,すなわち公理 III_5 により
$$\angle A'C'B' \equiv \angle A'C'B'',$$
これは公理 III_4 において要請される角を合同に移すことの一意性に矛盾する.

§6. 合同公理からの結論

定義 二つの角が頂点と一辺とを共有し,他の共通ならざる辺が一直線をなすとき,**補角**という.二つの角が頂点を共有し,辺がそれぞれ一直線をなすとき,これを**対頂角**という.その補角と合同なるがごとき角を**直角**という.

順次に次の諸定理を証明しよう:

定理 11. 合同な二辺を有する一つの三角形においてその辺に対する角は合同である,換言すれば二等辺三角形において両底角は相等しい.

本定理は公理 III_5 および公理 III_4 の後半から証明され

る．

定義 三角形 ABC および三角形 $A'B'C'$ において
$$AB \equiv A'B', \quad AC \equiv A'C', \quad BC \equiv B'C',$$
$$\angle A \equiv \angle A', \quad \angle B \equiv \angle B', \quad \angle C \equiv \angle C'$$
なる合同関係がすべて満足されるとき，三角形 ABC は三角形 $A'B'C'$ に合同であるという．

定理 12. （三角形の第一合同定理）三角形 ABC, $A'B'C'$ において合同関係
$$AB \equiv A'B', \quad AC \equiv A'C', \quad \angle A \equiv \angle A'$$
が成り立てば，三角形 ABC は三角形 $A'B'C'$ に合同である．

証明 公理 III_5 によって合同関係
$$\angle B \equiv \angle B' \quad \text{および} \quad \angle C \equiv \angle C'$$
が満足されるから，さらに合同関係 $BC \equiv B'C'$ の成り立つことが証明されねばならない．反対に BC が $B'C'$ に合同でないと仮定し，$B'C'$ 上に点 D' を $BC \equiv B'D'$ となるようにとれば，両三角形 ABC, $A'B'D'$ に公理 III_5 を適用することにより，
$$\angle BAC \equiv \angle B'A'D'$$
となる．したがって $\angle BAC$ が $\angle B'A'D'$ と $\angle B'A'C'$ とに合同となるはずである．しかるにこれは不可能である．何となれば公理 III_4 により任意の角を与えられた半直線を一辺とし一平面上の与えられた側にただ一通りに限って合同に作りうるからである．したがって三角形 ABC が三角形 $A'B'C'$ に合同なることが証明された．

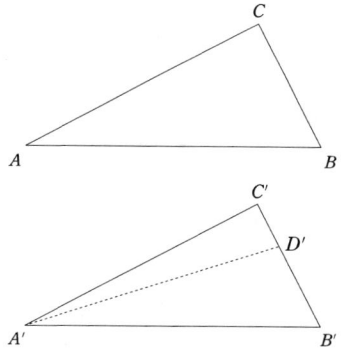

第13図

同じく容易に次の定理が証明される．

定理 13. （三角形の第二合同定理）三角形 ABC, $A'B'C'$ において合同関係

$$AB \equiv A'B', \quad \angle A \equiv \angle A', \quad \angle B \equiv \angle B'$$

が成り立てば三角形 ABC は三角形 $A'B'C'$ に合同である．

定理 14. 角 $\angle ABC$ が角 $\angle A'B'C'$ に合同ならば，$\angle ABC$ の補角 $\angle CBD$ は $\angle A'B'C'$ の補角 $\angle C'B'D'$ に合同である．

証明 B' から出る辺の上に点 A', C', D' をとり

$$AB \equiv A'B', \quad CB \equiv C'B', \quad DB \equiv D'B'$$

となるようにする．しからば定理 12 から，三角形 ABC が三角形 $A'B'C'$ に合同である，すなわち

$$AC \equiv A'C' \quad \text{および} \quad \angle BAC \equiv \angle B'A'C'$$

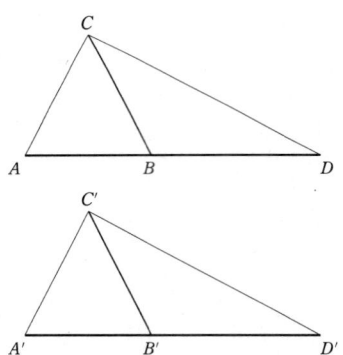

第14図

なる合同関係が成り立つ．

さらに公理 III_3 によって線分 AD が線分 $A'D'$ に合同であるから，再び定理12から三角形 CAD が三角形 $C'A'D'$ に合同となる，すなわち合同関係

$$CD \equiv C'D' \quad \text{および} \quad \angle ADC \equiv \angle A'D'C'$$

が成り立つ．そしてこれから三角形 BCD と $B'C'D'$ に着目すれば，公理 III_5 によって

$$\angle CBD \equiv \angle C'B'D'$$

が証明される．

対頂角合同の定理は定理14から直ちに出せる．また**直角の存在定理**も定理14から証明することができる．

すなわち半直線 OA を一辺とし，O から両側に任意の一つの角を合同に作り，共通ならざる辺を等しくとる．すなわち $OB \equiv OC$，しからば線分 BC は直線 OA と一点 D

第15図

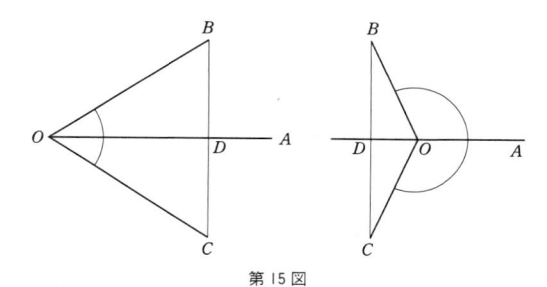

において交わる．もし点 D が O と一致すれば，$\angle BOA$ と $\angle COA$ とは相等しい補角であり，したがって直角である．点 D が半直線 OA の上にあるときは作図により $\angle DOB \equiv \angle DOC$；点 D が半直線 OA の延長上にあるときは定理14により求むる合同関係が出せる．公理 III$_2$ により，線分はそれ自身に合同である：すなわち $OD \equiv OD$．したがって公理 III$_5$ から

$$\angle ODB \equiv \angle ODC$$

が証明される．

定理15. h, k, l および h', k', l' をそれぞれ点 O および O' から出でそれぞれ平面 α および α' 上にある半直線とせよ．h, k および h', k' はそれぞれ l および l' に対して同時に同じ側にあるか，または同時に異なる側にあるとする．しかるときは合同関係

$$\angle(h, l) \equiv \angle(h', l') \quad \text{および} \quad \angle(k, l) \equiv \angle(k', l')$$

が満足されれば，またつねに

$$\angle(h, k) \equiv \angle(h', k')$$

である.

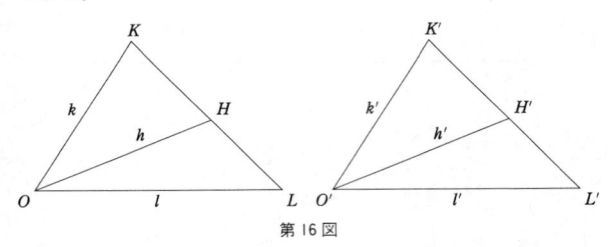

第16図

証明 h, k が l に対して同側にあり，したがって仮定により h', k' もまた l' に対して同側にある場合を証明しよう．他の場合は定理14を適用すれば，この場合に帰せられる．第30頁の定義から h が角 $\angle(k, l)$ の内部にあるか，あるいは k が角 $\angle(h, l)$ の内部にある．記号を適当につけて h が角 $\angle(k, l)$ の内にあるようにする．辺 k, k', l, l' の上にそれぞれ点 K, K', L, L' をとり，$OK \equiv O'K'$ および $OL \equiv O'L'$ となるようにする．しからば h は線分 KL と一点 H において交わる．h' 上に点 H' を $OH \equiv O'H'$ なるごとく定める．三角形 OLH と $O'L'H'$ および OLK と $O'L'K'$ において定理12から合同関係

$$\angle OLH \equiv \angle O'L'H', \quad \angle OLK \equiv \angle O'L'K',$$
$$LH \equiv L'H', \quad LK \equiv L'K'$$

そしてついに

$$\angle OKL \equiv \angle O'K'L'$$

が得られる．

公理 III$_4$ により任意の角を一平面上において与えられた半直線を一辺とし，その与えられた側にただ一通りに作ることが可能であり，かつ H', K' は仮定により l' の同じ側にあるから，上の二つの角の合同関係から H' は $L'K'$ の上にある．したがって公理 III$_3$ に基づき上の二つの線分の合同関係から $HK \equiv H'K'$ なることが導かれる．合同関係 $OK \equiv O'K'$, $HK \equiv H'K'$ および $\angle OKL \equiv \angle O'K'L'$ と公理 III$_5$ から定理の主張するところが結論される．

同様にしてわれわれは次の事柄に到達する：

定理 16. 平面 α 上の角 $\angle(h, k)$ が平面 α' 上の角 $\angle(h', k')$ に合同であり，かつ l を平面 α 上にあって角 $\angle(h, k)$ の頂点からこの角の内部に引いた半直線とせよ．しからば平面 α' 上に，角 $\angle(h', k')$ の頂点より出で，かつこの角の内部にあり，かつ

$\angle(h, l) \equiv \angle(h', l')$ および $\angle(k, l) \equiv \angle(k', l')$

となるような半直線 l' がただ一つに限り存在する．

第三合同定理および角合同の対称性を証明しうるために，まず定理 15 から次の定理を導く：

定理 17. 二点 Z_1 および Z_2 が直線 XY の相異なる側にあり，かつ合同関係 $XZ_1 \equiv XZ_2$ および $YZ_1 \equiv YZ_2$ が成り立てば，角 $\angle XYZ_1$ はまた角 $\angle XYZ_2$ に合同である．

証明 定理 11 により $\angle XZ_1Z_2 \equiv \angle XZ_2Z_1$，かつ $\angle YZ_1Z_2 \equiv \angle YZ_2Z_1$．ゆえに定理 15 から合同関係：$\angle XZ_1Y \equiv \angle XZ_2Y$ が成り立つ．X または Y が Z_1Z_2 上にある特殊な場合にはさらに簡単に解決できる．上述の合同

関係と仮定の合同関係
$$XZ_1 \equiv XZ_2 \quad \text{および} \quad YZ_1 \equiv YZ_2$$
から公理 III_5 によって結論
$$\angle XYZ_1 \equiv \angle XYZ_2$$
が導かれる．

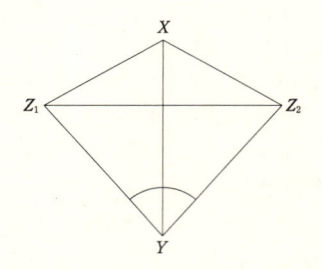

第17図

定理 18. （三角形の第三合同定理）二つの三角形 ABC と $A'B'C'$ において対応辺がそれぞれ合同ならば，これらの三角形は合同である．

証明 第29頁で証明した線分合同の対称性により三角形 ABC が三角形 $A'B'C'$ に合同なることを証明すれば十分である．角 $\angle BAC$ を半直線 $A'C'$ を一辺とし，その両側に A' を頂点として合同に移す．$A'C'$ に対し B' と同じ側の辺の上に点 B_0 を $A'B_0 \equiv AB$ なるごとくとる；また他の辺の上に B'' を $A'B'' \equiv AB$ なるごとくとる．定理12により $BC \equiv B_0C'$ かつ同様にして $BC \equiv B''C'$ である．これまでにえた合同関係と仮定にある合同関係から公理 III_2 によって合同関係

$$A'B'' \equiv A'B_0, \qquad B''C' \equiv B_0C'$$
またこれに対応して
$$A'B'' \equiv A'B', \qquad B''C' \equiv B'C'$$
がえられる．

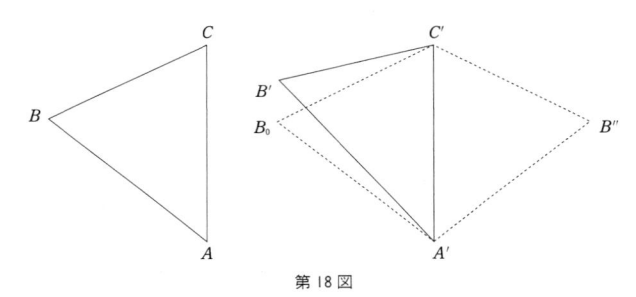

第 18 図

したがって三角形 $A'B''C'$ と $A'B_0C'$，および三角形 $A'B''C'$ と $A'B'C'$ とは定理 17 の仮定を満足する，すなわち角 $\angle B''A'C'$ は角 $\angle B_0A'C'$ および角 $\angle B'A'C'$ に合同である．しかるに公理 III$_4$ により一平面上において与えられた半直線を一辺とし与えられた側に一つの角はただ一通りに限り合同に移しうるから，半直線 $A'B_0$ は半直線 $A'B'$ に一致する．すなわち $A'C'$ を一辺として，与えられた側に角 $\angle BAC$ に合同に作った角は角 $\angle B'A'C'$ にほかならぬ．合同関係
$$\angle BAC \equiv \angle B'A'C'$$
と仮定にある線分の合同関係とから定理 12 によって定理の主張するところが結論される．

定理 19. 二つの角 $\angle(h', k')$ および $\angle(h'', k'')$ が第三の角 $\angle(h, k)$ に合同ならば，角 $\angle(h', k')$ はまた角 $\angle(h'', k'')$ に合同である[1].

第 19 図

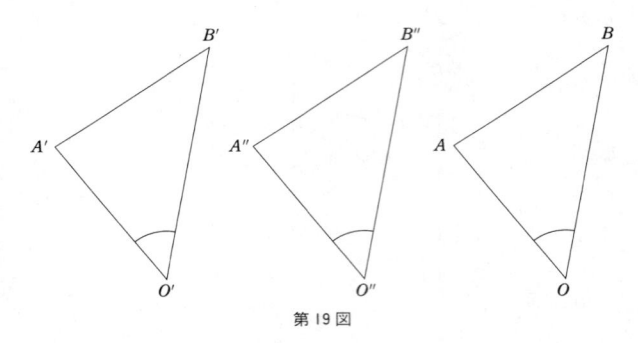

証明 与えられた三つの角の頂点を O', O'' および O とせよ．おのおのの角の一辺の上にそれぞれ点 A', A'' および A を $O'A' \equiv OA$ かつ $O''A'' \equiv OA$ となるごとくとる．同様に他の辺の上にそれぞれ点 B', B'' および B をとり，$O'B' \equiv OB$ かつ $O''B'' \equiv OB$ となるごとくせよ．これらの合同関係および仮定 $\angle(h', k') \equiv \angle(h, k)$ および $\angle(h'', k'') \equiv \angle(h, k)$ から定理 12 によって合同関係

$$A'B' \equiv AB \quad \text{および} \quad A''B'' \equiv AB$$

がえられる．

---

[1] 本定理は第一版では公理としてとったものである．この証明はローゼンタールに基づく（A. Rosenthal, *Math. Ann.* 71）．公理 I_4 の簡易化もまたローゼンタールに負う（*Math. Ann.* 69）．

したがって公理 III_2 により三角形 $A'B'O'$ と $A''B''O''$ は三辺がそれぞれ一致する，したがって定理 18 により
$$\angle(h', k') \equiv \angle(h'', k'')$$
が成り立つ．

線分合同の対称性が公理 III_2 からえられたのとまったく同様に定理 19 から角合同の対称性がえられる：すなわち $\angle\alpha \equiv \angle\beta$ ならば，$\angle\alpha$ と $\angle\beta$ とは「たがいに合同」である．したがって特に定理 12 ないし 14 はたがいに合同という対称の形で述べることができる．

次にわれわれは**角の大小関係**を基礎づけることができる．

定理 20. 任意の二角 $\angle(h, k)$ および $\angle(h', l')$ が与えられたとき，角 $\angle(h, k)$ を h' を一辺として l' のある側に作るとき k' がその内部にある半直線となれば，$\angle(h', l')$ を h 一辺とし k のある側に作れば，l はその外部にある半直線となる．逆もまた真である．

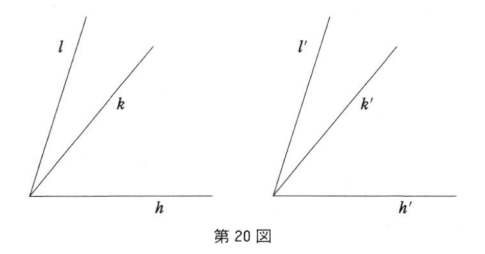

第 20 図

証明 l が $\angle(h, k)$ の内部にあると仮定せよ．

$$\angle(h, k) \equiv \angle(h', k')$$

であるから，内部にある半直線 l に対し，定理 16 により，半直線 l'' が $\angle(h', k')$ の内部に存在し，これに対して合同関係 $\angle(h, l) \equiv \angle(h', l'')$ が成り立つ，ここで l' と l'' とは当然相異なる．これは III_4 なる角の合同移動の唯一可能性に反する．逆も同様に証明できる．

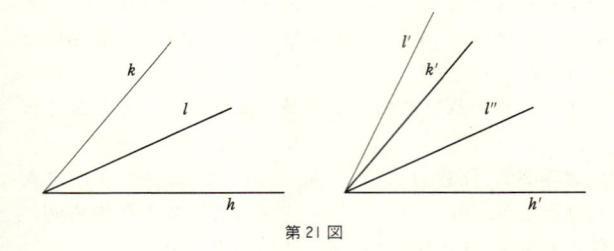

第 21 図

定理 20 に示すごとく角 $\angle(h, k)$ を作り $\angle(h', l')$ の内部にある半直線 k' をうるとき，$\angle(h, k)$ は $\angle(h', l')$ よりも**小**であるという．記号で $\angle(h, k) < \angle(h', l')$；また外部にある半直線 k' をうるとき，$\angle(h, k)$ は $\angle(h', l')$ よりも**大**であるという，記号で $\angle(h, k) > \angle(h', l')$．

二つの角 α および β に対して次の三つの場合

$\alpha < \beta$ かつ $\beta > \alpha$, $\alpha \equiv \beta$, $\alpha > \beta$ かつ $\beta < \alpha$

のうちの「ただ一つ」が生起することがわかる．角の大小関係は**推移的**である，すなわち

1. $\alpha > \beta, \beta > \gamma$;
2. $\alpha > \beta, \beta \equiv \gamma$;

3. $\alpha \equiv \beta,\ \beta > \gamma$

なる三つの仮定のおのおのから

$$\alpha > \gamma$$

が導かれる．

これに対応する**線分の大小関係**は公理 II および III$_1$ および線分移動の唯一可能性から直ちに導かれる．

角の大小関係に基づいて次の簡単な命題を証明することができる．これをユークリッドは公理の一つに採用しているが，筆者は不適当であると思う．すなわち

定理 21. すべての直角はたがいに合同である[1)].

証明　直角はその定義からそれ自身の補角に合同なる角である．角 α すなわち $\angle(h, l)$ および β すなわち $\angle(k, l)$ を補角，また α', β' をたがいに補角とし，かつ $\alpha \equiv \beta$ お

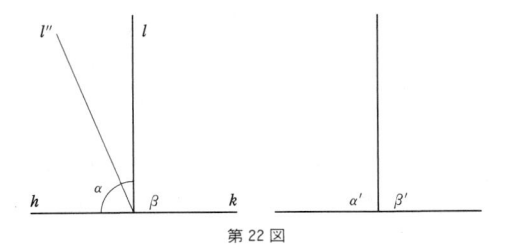

第 22 図

---

1) ファーレンはその著書『抽象幾何学』(Th. Vahlen, *Abstrakte Geometrie*, Leipzig 1905, S. 242) においてルジャンドル (Legendre) がすでにこの定理を証明したことを述べている．しかしルジャンドルは角が連続量系をなすことを仮定している．

よび $\alpha' \equiv \beta'$ であるとせよ．定理 21 の主張に反し，α' が α に合同ならずとせよ．しからば角 α' を h を一辺とし l のある方の側に作るときは，l と異なる半直線 l'' をうる．l'' は α の内部にあるか，あるいは β の内部にある．l'' が α の内部にあれば

$$\angle (h, l'') < \alpha, \quad \alpha \equiv \beta, \quad \beta < \angle (k, l'')$$

が成り立つ．これから大小関係の推移性によって

$$\angle (h, l'') < \angle (k, l'')$$

が結論される．一方において仮定と定理 14 とから

$$\angle (h, l'') \equiv \alpha', \quad \alpha' \equiv \beta', \quad \beta' \equiv \angle (k, l'')$$

が成り立ち，これから

$$\angle (h, l'') \equiv \angle (k, l'')$$

が導かれる．これは $\angle (h, l'') < \angle (k, l'')$ に矛盾する．l'' が β の内部にあるときもまったくこれと同様の矛盾を生ずる，したがって定理 21 が証明された．

定義 その補角よりも大なる角，すなわち直角よりも大なる角を**鈍角**という，またその補角よりも小なる角，すなわち直角よりも小なる角を**鋭角**という．

すでにユークリッドにおいて重要な役割を演じ，かつそれから一連の重要な結果が導かれる基本定理の一つに次の外角の定理がある．

定義 三角形に属する角 $\angle ABC$, $\angle BCA$ および $\angle CAB$ をその三角形の**内角**，それの補角を三角形の**外角**という．

定理 22. （外角の定理）三角形の外角はこれに接せざる

§6. 合同公理からの結論

内角のいずれよりも大である．

証明 $\angle CAD$ を三角形 ABC の外角とし，D を $AD \equiv CB$ なるごとくとれ．まず $\angle CAD \not\equiv \angle ACB$ なることを証明する．いま $\angle CAD \equiv \angle ACB$ とすれば合同関係 $AC \equiv CA$ と III$_5$ とにより

$$\angle ACD \equiv \angle CAB$$

が成り立つ．したがって定理 14 と 19 から $\angle ACD$ が角 $\angle ACB$ の補角に合同となるはずである．したがって公理 III$_4$ により D が直線 CB 上にあることとなり，これは公理 I$_2$ に矛盾する．したがって

$$\angle CAD \not\equiv \angle ACB$$

である．

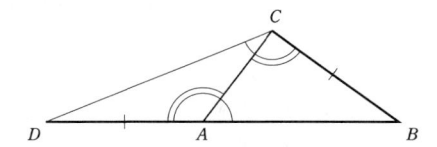

第 23 図

さて $\angle CAD < \angle ACB$ ではありえない；何となれば，CA を一辺として角 $\angle CAD$ を B のある方の側に作れば，角 $\angle ACB$ の内部にある辺をうるはずである．したがってこの辺は線分 AB 上の点 B' において交わるはずである．しからば三角形 $AB'C$ においては外角 $\angle CAD$ が内角 $\angle ACB'$ に合同となる．しかしこれはいま証明したごとく不可能である．したがって $\angle CAD > \angle ACB$ 以外にはありえない．

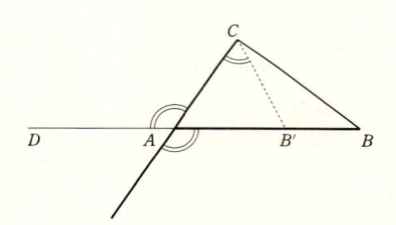

第 24 図

　まったく同様にして $\angle CAD$ の対頂角が内角 $\angle ABC$ よりも大となる，そして対頂角の合同なることと角の大小関係の推移性とから
$$\angle CAD > \angle ABC$$
が結論される．

　これにより定理の主張するところが完全に証明された．

　外角の定理からの重要な結果は次の諸定理である．

定理 23. 任意の三角形において大なる辺に対する内角は小なる辺に対する内角よりも大である．

証明 小なる方の辺を共通の頂点から大なる辺の上に合同に移せ．しからば定理の主張するところは角の大小関係の推移性と定理 11 と 22 から結論される．

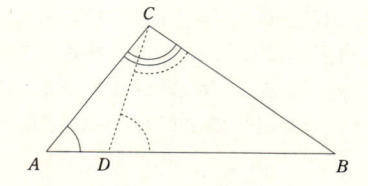

第 25 図

定理 24.　二つの内角が等しい三角形は二等辺である．

定理 11 の逆定理なる本定理は定理 23 から直ちに出る．

さらに定理 22 から容易に三角形の第二合同定理の補遺がえられる：

定理 25.　合同関係
$$AB \equiv A'B', \quad \angle A \equiv \angle A', \quad かつ \quad \angle C \equiv \angle C'$$
が成り立てば，二つの三角形 ABC と $A'B'C'$ とはたがいに合同である．

定理 26.　任意の線分は二分することができる．

証明　与えられた線分 AB を一辺としその両端点において相異なる側に等しい角 α を作り，残れる自由辺の上に相等しい線分をとる：$AC \equiv BD$．C および D が AB の相異なる側にあるから線分 CD は直線 AB と一点 E において交わる．

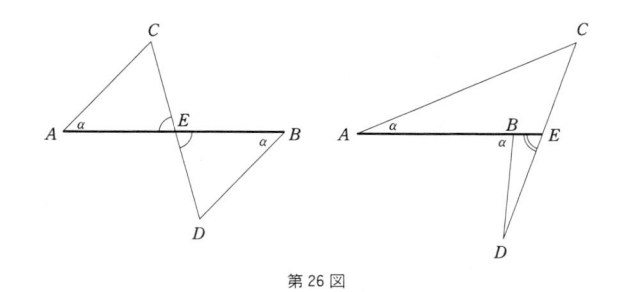

第 26 図

点 E が A または B と一致すると仮定すれば，定理 22 に矛盾する．B が A と E との間にあると仮定せよ．しか

らば定理 22 によって
$$\angle ABD > \angle BED > \angle BAC$$
となるはず,これは作図に反する.A が B と E との間にあると仮定しても同様の矛盾を生ずる.

したがって定理 4 によって E は線分 AB の上にある.ゆえに角 $\angle AEC$ と $\angle BED$ は対頂角として合同である.したがって定理 25 が三角形 AEC と BED に適用できる,そして
$$AE \equiv EB$$
がえられる.

定理 11 と 26 からの直接の結論として次の事柄がえられる:任意の角は二分することができる.

合同の概念はこれを任意の図形に拡張することができる.

定義 $A, B, C, D, \cdots, K, L$ および $A', B', C', D', \cdots, K', L'$ をそれぞれ直線 a および a' 上にある点列とし,すべての対応する線分 AB と $A'B'$, AC と $A'C'$, BC と $B'C'$, $\cdots$, KL と $K'L'$ がそれぞれたがいに合同なるとき,この点列はたがいに合同であるという;A と A', B と B', $\cdots$, L と L' を**合同点列**の対応点という.

定理 27. 二つの合同な点列 $A, B, \cdots, K, L$ と $A', B', \cdots, K', L'$ において第一の点列が,B が一方 A と他方 $C, D, \cdots, K, L$ との間にあり,C が一方 A, B と他方 $D, \cdots, K, L$ との間にある等々のごとく順序づけられるときは,点列 $A', B', \cdots, K', L'$ もまた同様に順序づけられる,すな

わち B' が一方 A' と他方 $C', D', \cdots, K', L'$ との間にあり，C' が一方 A', B' と他方 $D', \cdots, K', L'$ との間にある等々．

定義 任意の有限個の点を**図形**という．図形の点がすべて同一平面上にあれば，これを**平面図形**という．

二つの図形を構成する点の間にたがいに対応がつき，これによって対応する線分および角がそれぞれたがいに合同となるとき，これらの図形はたがいに**合同**であるという．

定理 14 と 27 からわかるごとく，合同なる図形は次の性質を有する：一つの図形において三点が一直線上にあれば，これに合同なる任意の図形において対応点がやはり一直線上にある．相対応する平面上において相対応する直線に関する点の順序は合同な図形においては変らない；相対応する直線上の相対応する点の順序についても同様のことが成り立つ．

平面および空間に関する最も一般的な合同定理は次のごとく述べることができる：

定理 28. $(A, B, C, \cdots, L)$ および $(A', B', C', \cdots, L')$ を合同な平面図形とし，P を第一の図形の平面上にある点とすれば，第二の図形の平面上につねに一点 P' が存在して $(A, B, C, \cdots, L, P)$ と $(A', B', C', \cdots, L', P')$ がまた合同なる図形となる．もし図形 $(A, B, C, \cdots, L)$ が同一直線上にない少くとも三点を含めば，P' はただ一通りに確定する．

定理 29. $(A, B, C, \cdots, L)$ および $(A', B', C', \cdots, L')$ を合同な図形とし，P を任意の点とする．しかるときはつ

ねに一点 P' が存在して $(A, B, C, \cdots, L, P)$ と $(A', B', C', \cdots, L', P')$ とがまた合同なる図形となる．もし図形 $(A, B, C, \cdots, L)$ が同一平面上にない少くとも四点を含めば，P' はただ一通りに確定する．

合同に関するすべての空間的事実，したがって空間における運動の諸性質は，公理群 I および II を追加仮定すれば，上に挙げた五個の合同の**直線**公理と**平面**公理から導くことができる．これが定理 29 が示す重要な結果である．

§7. 公理群 IV：平行の公理

α を任意の平面，a を α の中にある任意の直線，A を α の中にあって a の上にない一点とする．α において，A を通り a と交わる一直線 c を引き，さらに α において A を通り一直線 b を引き，a と b とが c に対して相等しい同位角をなすようにすれば，外角の定理（定理 22）から容易に直線 a, b がたがいに共通点を持たないことが証明される．すなわち平面 α において直線 a 外の点 A を通ってこの直線 a に交わらない直線を少くとも一つつねに作ることができる．

さて平行の公理は次の通りである：

IV．（ユークリッドの公理） a を任意の直線，A を a 外の一点とせよ：しからば a と A が定める平面において，A を通り a に交わらない直線はたかだか一つ存在する．

定義 上に述べたことと公理 IV に基づき a と A とが

定める平面において，A を通り a に交わらない「ただ一つ」の直線が存在する；これを **A を通る a への平行線**という．

平行公理 IV は次の要請と同等である：

一平面上にある二直線 a, b が同じ平面の第三の直線 c と交わらなければ，この二直線はたがいに交わらない．

いかにも，a, b が一点 A を共有したとすれば，一平面上で A を通り c に交わらない二直線 a, b があることになる；これは平行公理 IV に矛盾する．逆にこの要請から容易に平行公理 IV を導出することができる．

平行公理 IV は一種の平面公理である．

平行公理の導入により幾何学の基礎が「簡明」になり幾何学の構成がいちじるしく「容易」になる．

すなわち合同公理に平行公理を追加すれば，われわれは容易に次の周知の事柄に到達する：

定理 30. 二つの平行線に第三の直線が交われば，その同位角および錯角がそれぞれ合同である，また逆に，同位角または錯角が合同ならば，これら二直線は平行である．

定理 31. 三角形の内角の和は二直角をなす[1]．

定義 M を平面 α 上の任意の一点とするとき，線分 MA がたがいに合同となるごとき α 上の点 A 全体を**円**という；M を**円の中心**という．

この定義に基づき公理群 III-IV を援用すれば円に関す

---

1) 逆にいかなる程度にこの定理が平行公理に代わりうるかという問題については第 2 章 §12 の終りにある注意を参照せよ．

る諸定理が容易に証明される，特に一直線上にない任意の三点を通って円を作りうること，同一の弦の上に立つ円周角がすべて相等しいこと，および円に内接する四角形の角に関する定理等を証明することができる．

§8. 公理群 V：連続の公理

V₁. （計測の公理あるいはアルキメデスの公理）AB および CD を任意の線分とすれば，直線 AB 上に有限個の点 $A_1, A_2, A_3, \cdots, A_n$ が存在して，線分 $AA_1, A_1A_2, A_2A_3, \cdots, A_{n-1}A_n$ が線分 CD に合同にして，かつ B が A と A_n との間にあるようにすることができる．

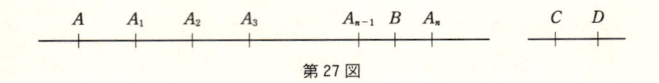

$$A \quad A_1 \quad A_2 \quad A_3 \quad\quad A_{n-1}\ B\ A_n \quad\quad C\ D$$

第 27 図

V₂. （一次元の完全性公理）一直線上にある点は，線状順序（定理 6），合同公理の第 1 番，およびアルキメデスの公理（すなわち公理 I_{1-2}, II, III_1, V_1）をたもつ限りでは，もはやこれ以上拡大不可能なる点の集まりをなす．すなわちこの点の集まりにさらに a 上に若干個の点を附加することによりてえられる集まりに対して上述の諸公理を全部成立せしむることはできない．

この公理にいうところの，すべての公理が保存されるとは，点の集まりが拡大された後においても，すべての公理がもと通りに成立するということである．すなわち点の間

に既存せる諸関係，すなわち拡大以前に存在した点の順序関係および線分の合同関係が決して乱されぬということである．たとえば拡大以前に点 A が二点 B および C の間にあれば，これは拡大後においてもまた同様であり，拡大以前にたがいに合同であった線分は拡大の後においてもまた合同であるというごときものである．

「完全性公理の成立可能のために重要な条件は，この公理の中で満足されるべき諸公理のうちにアルキメデスの公理が含まれることである．」

実際，一直線上の点の集まりが公理 I_{1-2}, II および III_1 を満足するとき，これにさらに点を附加し，これによってできた集まりにおいて上述の諸公理を前同様に成立せしめることがつねに可能である；すなわち上述の諸公理のみの保存が要請され，アルキメデスの公理もしくはこれに対等な代用公理の保存が要請されていないとすれば完全性公理は矛盾を含んでいる．

連続公理は二つとも**直線**公理である．

「一次元の完全性公理」から次の一般定理がえられる：

定理 32. （完全性の定理）[1] 幾何学の構成元素（すなわち点，直線および平面）は結合公理，順序公理，合同公理の第 1，およびアルキメデスの公理をたもつ限りでは，点，直線，平面によってもはやこれ以上拡大不可能なる集まりをなす：すなわち幾何学の構成元素は公理全部をたもつ限

---

1) この定理は前諸版では公理としてとられた．直線的な完全性公理で十分なることの注意はベルナイス (P. Bernays) に基づく．

りではもはや拡大不可能なる集まりを形成する．

ここで拡大および保存とは公理 V_2 におけるとまったく同様の意味である．

証明 拡大以前に存在した元素を旧元素，拡大によって附け加わった元素を新元素ということにする．いま新元素ありと仮定すれば，それから直ちに少くとも一つの新しい点 N の存在が言える．

公理 I_8 により一平面上にない四つの旧点 A, B, C, D が存在する．ここで A, B, N が一直線上にないように記号をつけておくことができる．たがいに相異なる二つの平面 ABN と ACD とは公理 I_7 により A のほかになお一点 E を共有する．E は直線 AB 上にはない，もし AB 上にありとすれば B が ACD 上にあることとなるからである．E が新点なるときは，旧平面が一つの新点を含むこととなる；これに反し E を旧点とすれば，新点 N が一つの旧平面すなわち平面 ABE 上にあることとなる．要するに，一つの新点が旧平面上に存在することになる．

一つの旧平面上に旧三角形 FGH が存在しかつ線分 FG

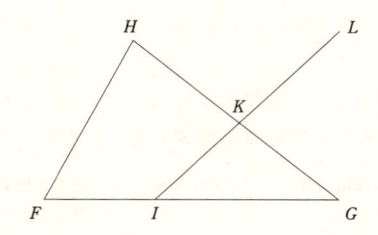

第28図

上に一つの旧点 I が存在する．新点 L を I と結べば，公理 II_4 により，新点 L が直線 IH 上にないときには，直線 IL と線分 FH，あるいは直線 IL と線分 GH が一点 K において交わる．K が新点ならば，新点 K が旧直線 FH または GH 上にあることになる；これに反し K が旧点ならば，新点 L が旧直線 IK 上にあることになる．この三つの仮定はいずれも一次元の完全性公理に矛盾する．したがって旧平面上に一つの新点があると仮定することはできない，したがって新元素なるものの存在を仮定することが否定される．

完全性の定理はさらに精密化することができる．すなわちこの定理において掲げられた公理のあるものは必ずしも保存される必要がない．しかし例えば公理 I_7 がこの定理において保存が要請される公理に含まれることは本定理の成立のためには本質的である．実際，公理 I-V を満足する構成元素の集まりになお点，直線，平面を附加して新しい集まりを作り，ここにおいて公理 I_7 を除く他の諸公理が成立するようにすることができる；すなわち完全性定理が公理 I_7 もしくはこれに対等な公理を含まないとすれば，それは矛盾を包蔵する．

「完全性の公理はアルキメデスの公理からの結論ではない．」実際，公理 I-IV を用いてわれわれの幾何学が通常のデカルト式解析幾何学に一致することを証明するためには，アルキメデスの公理のみでは不十分である（§9 および §12 を参照せよ）．しかるに完全性の公理を追加要請すれば

——この公理が直接には収斂の概念についてなんらの陳述をも含まぬにかかわらず——デデキントの切断に対応する極限の存在および集積点の存在に関するボルツァーノの定理を証明することができ，したがってわれわれの幾何学がデカルト幾何学と同一なることが証明される．

この考察法によれば連続性の要請は本質的に異なる二部分に分かたれる．すなわち連続性の要請を準備する作用をなすアルキメデスの公理と**全公理系に完結を与える完全性**の公理とに分かたれる[1]．

以下の研究においてはわれわれは主としてアルキメデスの公理のみに基礎を置くこととし，全般的に完全性公理を仮定しない．

---

1) §17 の終りの注意および数概念に関する著者の講演（本書附録）を参照せよ．われわれは二等辺三角形の底角の相等に関する定理を研究してさらに二つの連続公理に到達した（Hilbert, *Grundl. d. Geom.* (本書原著．以下 *G.* と略記す) Anhang II. および *Proc. London Math. Soc.* XXXV, 1903）．

第2章　公理の無矛盾性および相互独立性

§9. 公理の無矛盾性

第1章において採用した五つの公理群に属する諸公理はたがいに矛盾を引き起こさない，すなわち上述の公理のいずれの一つとも矛盾するごとき事柄をこれらの公理から論理的に引き出すことはできない．これを確かめるためにわれわれは実数を用いてこれら五群の公理のすべてが満足されるごとき物の集まりを作ろうと思う．

まず数1から出発して四則演算，すなわち加法，減法，乗法，除法および第五の演算 $|\sqrt{1+\omega^2}|$ を有限回繰り返し行うことによってえられる代数的数全体の領域 Ω を考える．ここで ω は上述の五種の演算の結果としてすでにえられた数とする．

領域 Ω に属する数の組 (x, y) を点と考え，また Ω に属する任意の三数の比 $(u : v : w)$ において，u, v が同時にゼロとならぬとき，これを直線とみなす；さらに方程式
$$ux + vy + w = 0$$
が成り立つとき，点 (x, y) が直線 $(u : v : w)$ の上にあるということとする；このようにすれば公理 I_{1-3} および IV

が満足されることは容易にわかる．領域 Ω の数はすべて実数である；いま実数はその大きさの順に順序づけられることを考慮すれば，われわれは点および直線に関する順序を適当に定めて，順序の公理 II がすべて成り立つようにすることができる．実際に，$(x_1, y_1), (x_2, y_2), (x_3, y_3), \ldots$ を一直線上にある任意の点とするとき数 $x_1, x_2, x_3, \ldots$ または $y_1, y_2, y_3, \ldots$ がこの順において絶えず減少もしくは増加するとき，これらの点はこの順に並んでいると定める．さらに公理 II_4 を成立せしむるためには，点 (x, y) が $ux + vy + w$ をゼロよりも少なからしめるか，あるいは大ならしめるかにしたがい，それぞれ直線 $(u : v : w)$ の一方の側または他の側にあると定めればよい．この定め方が，上述の直線上の点の順序の定め方と一致することもまた容易にわかる．

線分および角を移すことは解析幾何学の周知の方法によることができる．すなわち

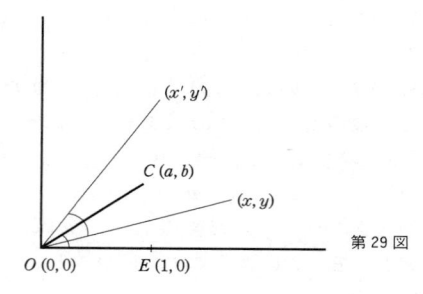

第 29 図

$$x' = x+a,$$
$$y' = y+b,$$

なる形の変換は線分および角の平行移動を与え，また

$$x' = x$$
$$y' = -y$$

なる形の変換は直線 $y=0$ に関しての折返しを与える．さらに $(0,0)$ なる点を O，点 $(1,0)$ を E かつ任意の点 (a,b) を C とするとき，O を固定点とする角 $\angle COE$ だけの回転によって点 (x,y) が点 (x',y') になれば

$$x' = \frac{a}{\sqrt{a^2+b^2}}x - \frac{b}{\sqrt{a^2+b^2}}y,$$
$$y' = \frac{b}{\sqrt{a^2+b^2}}x + \frac{a}{\sqrt{a^2+b^2}}y$$

と置くことができる．数

$$\sqrt{a^2+b^2} = b\sqrt{1+\left(\frac{a}{b}\right)^2}$$

はやはり領域 Ω に属するから，上述のごとくに定めることによって公理 III_{1-4} もまた成立する．そして三角形の合同公理 III_5 およびアルキメデスの公理 V_1 もまた成立することは明らかである．完全性公理 V_2 は成立しない．

したがって直線および平面公理 I-IV，V_1 から導かれる矛盾はすべて領域 Ω における算術において認別されねばならぬはずである[1]．

---

1) 算術の公理の無矛盾性に関する問題については，著者の数の概念についての講演（本書附録）および 1900 年万国数学者会議にお

上に論じたところにおいて領域 Ω の代わりにすべての実数の領域をとれば普通の平面デカルト幾何学がえられる．ここにおいて公理 I_{1-3}, II, III, IV および V_1 のほかに完全性の公理もまた成立することは次のごとくにしてわかる．

デカルト幾何学において順序および線分合同の定義のみから次のことが証明される：任意の線分はつねに与えられた個数，例えば n 個のたがいに合同な小線分に等分することができる，そして線分 AB が線分 AC よりも小ならば，AB の n 等分の一片は AC の n 等分の一片よりも小である．

さて一直線 g が存在して，その上においては完全性の公理に反して公理 I_{1-2}, II, III, V_1 を乱すことなく，与えられた幾何学に点を附加しうると仮定しよう．この附加した点の一つを N とせよ．しからば N は直線 g を二つの半直線に分かち，そのおのおのはアルキメデスの公理によって拡大以前において存在した点，すなわち旧点と名づくべきものを含んでいる．したがって N は g 上にある旧点を二つの半直線に分かつ．g が助変数表示

$$x = mt+n$$
$$y = pt+q$$

で表わされたと考え，助変数 t が N による拡大以前にすでにすべての実数値をとるとすれば，N によって直線を二

ける講演（Mathematische Probleme: Hilbert 全集第 3 巻，特に問題 2）を参照せよ．

```
g ———|————|—————|—————|——|——|———
      A   WN    C_1   C_2   C_i B  D
```

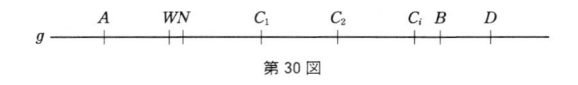

第 30 図

分することは，t の値の一つのデデキント切断を与える．この切断に対しては周知の通り次のことが成り立つ：切断の定める第一の組が最後の元素を有するか，あるいは第二の組が最初の元素を有する．この元素に対応する g 上の点を A とせよ．しかるときは A と N との間には旧点が一つも存在しないはずである．

しかるに N が A と B との間にあるごとき一つの旧点 B が存在する．さらにアルキメデスの公理によって若干個の，例えば n 個の相異なる点 $N, C_1, C_2, ..., C_i, D$ が存在して，n 個の線分 $AN, NC_1, C_1C_2, ..., C_iD$ がたがいに合同となり，かつ B が A と D との間にあるようになる．いま線分 AB を n 等分すれば，この分点はすべて旧点である；そのうちで A に最も近い点を W とせよ．AB が AD よりも小だから前述のデカルト幾何学の性質によって線分 AW は AN よりも小である．すなわち旧点 W が A と N との間に存在することとなった．したがって直線 g 上に，直線公理の成立を乱すことなく一点 N を附加しうるとの仮定は矛盾に到達した．

したがって平面デカルト幾何学においては直線および平面公理 I-V が「全部」成立する．

同様のことを空間幾何学に対して考察することはなんらの困難をもともなわない．したがって公理 I-V からの結論

に現われる矛盾はすべて実数系の算術において識別されるはずである.

公理 I-IV, V_1 を満足する幾何学は無限に多く存在するが, 公理 I-IV, V_1 と同時に完全性公理 V_2 をも満足する幾何学は「ただ一つ」, すなわちデカルト幾何学のみが存在することがわかった.

§10. 平行の公理の独立性（非ユークリッド幾何学）[1].

公理の無矛盾性を認識したから, 次にはこれらの公理がすべてたがいに独立であるか否かを問題とするのが興味がある. 実際にこれら公理群の主要部分がそれぞれこれに先立つ公理群から論理的に演繹しえないことを証明することができる.

まず公理群 I, II, III の各公理に関しては, 一つの群に属する公理はつねにその群内において独立なることを容易に証明することができる.

われわれの理論においては, 公理群 I, II の諸公理を残余の諸公理の基礎におき, 群 III, IV および V のおのおのがそれぞれこれを除いた残余のものから独立なることを証明することのみを問題とする.

---

[1] なお次のことを容易に証明できる：すなわち公理 I-III およびアルキメデスの公理 V_1 が満足される幾何学においては, 平行公理に適合する直線 a と a 外の点 A の組が全然存在せざるか, あるいは任意の直線と点の組につき公理が適用できるかのいずれかである. R. Baldus, *Nichteuklidische Geometrie*, Berlin 1927 を参照せよ.

§10. 平行の公理の独立性

平行の公理 IV は残余の諸公理から独立である．これを最も簡単に示すには，周知の方法によって次のようにする：空間幾何学の構成元素として，§9 において作った常用（デカルト）幾何学の点，直線，平面のうち，一つの与えられた球の中にあるものをとる．この幾何学の合同変換としては，与えられた球面をそれ自身に移す常用幾何学の一次変換をとる．適当に定義をすることによりこの**非ユークリッド幾何学**においては公理 IV 以外の全公理が満足されることを知る．そして §9 において常用幾何学の成立可能なることが証明してあるから，したがってこれから非ユークリッド幾何学の成立可能なることが結論される．

特に興味があるのは平行の公理に無関係に成立する諸定理，すなわちユークリッド幾何学においてもまた非ユークリッド幾何学においても同時に成立する諸定理である．最も重要な例として二つのルジャンドルの定理を挙げよう．そしてその第一定理の証明には公理 I ないし III のほかになおアルキメデスの公理 V_1 を必要とする．まず二三の補助定理を述べる．

定理 33. P を直角頂とする直角三角形 OPZ が与えられ，線分 PZ 上に二点 X, Y があって
$$\angle XOY = \angle YOZ$$
ならば，$XY < YZ$ である．

証明 線分 OX を O から OZ 上に合同に作り
$$OX \equiv OX'$$
とする．定理 22 および 23 から，点 X' は線分 OZ 上にあ

り，かつ定理 22 および公理 III$_5$ から
$$\angle X'ZY < \angle OYX \equiv \angle OYX' < \angle YX'Z$$
をうる．

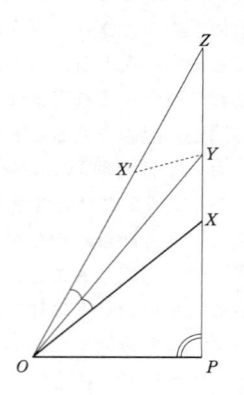

第 31 図

定理 12 と 23 により，関係 $\angle X'ZY < \angle YX'Z$ から定理の結論が証明される．

定理 34. 任意の二つの角 α, ε に対し，つねに自然数 r を見出し

$$\frac{\alpha}{2^r} < \varepsilon$$

ならしめることができる．ここで $\frac{\alpha}{2^r}$ は角 α を r 回引続き二等分した角を表わす．

証明 角 α と ε とが与えられたとせよ．角の二等分は仮定した公理の範囲内で可能である（第 50 頁参照！）．鋭角 $\frac{\alpha}{2}$ に着目する．$\frac{\alpha}{2} \leqq \varepsilon$ ならば本定理の結論がすでに $r=2$ に

対して成立する．これに反し $\frac{\alpha}{2} > \varepsilon$ なる場合には，角 $\frac{\alpha}{2}$ の一辺上の任意の点 C から他の辺に垂線を立て，これと B で交わらしめる．角 $\frac{\alpha}{2}$ の頂点を A とする．AB を一辺とし角 ε を角

$$\angle BAC = \frac{\alpha}{2}$$

の内部に作れ．ε の他の一辺は仮定の不等関係から線分 BC と一点 D において交わる（第 31 頁参照）．アルキメデスの公理 V_1 から適当な自然数 n が存在して

$$n \cdot BD > BC$$

となる．

いま角 ε を，つねに自由辺が外側にあるようにして，n 回引続き合同に移す．

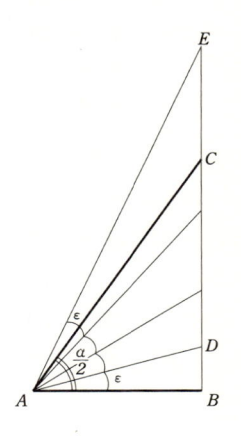

第 32 図

たかだか n 回角 ε を移した後，例えば m 回合同に移したとき，自由辺がはじめて半直線 BC と交わらなくなる場合が起こる．この一つ前の辺は半直線 BC と交わるから角 $(m-1)\varepsilon$ は鋭角である．したがって m 回角を移すことによってできる角 $m\varepsilon$ の内部は直線 AB に関して点 C を含む方の半平面にあり，かつ半直線 AC は角 $m\varepsilon$ の内部にある．

したがって

$$m \cdot \varepsilon > \frac{\alpha}{2}.$$

他の場合には角 ε を n 回合同に作ることによってうる角がつねに半直線 BC から線分を切り取り，この線分は定理 33 によって BD に等しいか，またはこれよりも大である．n 回目の辺が BC と点 E において交わるとせよ．BC 上に切り取られる n 個の線分の和 BE は $n \cdot BD$ より大，したがってなおさらのこと BC よりも大である．これから

$$n \cdot \varepsilon > \frac{\alpha}{2}.$$

m または n に対して自然数 r を $m < 2^{r-1}$ または $n < 2^{r-1}$ となるごとく定め，角 $m\varepsilon$ あるいは $n\varepsilon$ を μ で表わせ．角 $\frac{\mu}{2^{r-1}}$ および $\frac{\alpha}{2^r}$ は作図可能である．角の大小の比較の可能なることから，容易に一方において不等式 $2^{r-1} > m$ から不等式 $\frac{\mu}{2^{r-1}} < \frac{\mu}{m} = \varepsilon$ を，また他方においては不等式 $\mu > \frac{\alpha}{2}$ から不等式 $\frac{\mu}{2^{r-1}} > \frac{\alpha}{2^r}$ を得る．したがって大小関係の推移性から

$$\frac{\alpha}{2^r} < \varepsilon$$

が成立する．

定理 34 の助けによってルジャンドルの第一定理を証明することができる．

定理 35.（ルジャンドルの第一定理）三角形の内角の和は二直角よりも小なるか，あるいはこれに等しい．

証明 三角形の任意の一角を $\angle A = \alpha$ とし，他の二角を $\angle B = \beta$, $\angle C = \gamma$, かつ $\beta \leq \gamma$ とせよ．

定理 26 により線分 BC は中点 D をもつ．線分 AD をこれに等しく点 E まで延長する．対頂角の定理（第 36 頁）に基づき，公理 III_5 を三角形 ADC および EDB に適用することができる，また定理 15 に基づき角の和を明確に定義すれば，三角形 ABE の角 α', β', γ' について関係

$$\alpha' + \gamma' = \alpha, \qquad \beta' = \beta + \gamma$$

がえられる．

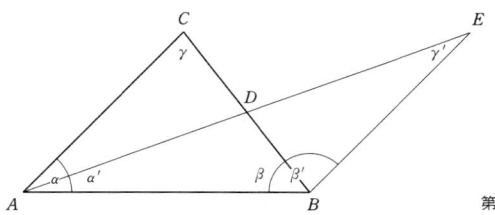

第 33 図

したがって三角形 ABE は三角形 ABC と同じ内角の和を有する．不等関係 $\beta \leq \gamma$ から，定理 23 と 12 とにより容

易に
$$\alpha' \leq \gamma'$$
を，したがってこれから
$$\alpha' \leq \frac{\alpha}{2}$$
が導かれる．

すなわち任意の三角形 ABC とその任意の内角 α に対しつねに一つの三角形を作り，これと内角和がかわらず，かつ一つの内角が $\frac{\alpha}{2}$ よりも小なるか，またはこれに等しからしめることができる．したがってさらに自然数 r が与えられるときは，相等しい内角和を有し，かつ一つの角が $\frac{\alpha}{2^r}$ よりも小なるかまたはこれに等しい三角形を作ることができる．

いまルジャンドルの第一定理の主張に反し，与えられた三角形の内角の和が二直角よりも大なりと仮定する．定理 22 から，三角形の二つの内角の和はつねに二直角よりも小である．したがって与えられた三角形の内角の和は
$$\alpha + \beta + \gamma = 2\rho + \varepsilon$$
なる形に表わしうる，ここで ε は任意の角，ρ は直角を表わす．定理 34 により
$$\frac{\alpha}{2^r} < \varepsilon$$
となるごとき自然数 r を定めることができる．

さて上述の方法により内角 $\alpha^*, \beta^*, \gamma^*$ を有し，それが

$$\alpha^* + \beta^* + \gamma^* = 2\rho + \varepsilon, \qquad \alpha^* \leq \frac{\alpha}{2^r} < \varepsilon$$

なる関係を満足する三角形を作る．

この三角形においては定理 22 に反して

$$\beta^* + \gamma^* > 2\rho$$

である．ゆえにルジャンドルの第一定理が証明された．

定理 36. 四角形 $ABCD$ において，A および B が直角であり，かつ対辺 AD と BC が合同ならば，角 $\angle C$ および角 $\angle D$ がまた合同である．さらに辺 AB の中点 M においてこれに立てた垂線が対辺 CD と N において交わり，四角形 $AMND$ と $BMNC$ が合同となる．

証明 M において AB に立てた垂線は定理 21 と 22 から結論されるごとく，角 $\angle DMC$ の内部にある．したがって第 31 頁で述べたことにより，線分 CD に点 N において交わる．定理 12，21 および 15 により，三角形 MAD と MBC とが合同，したがって三角形 MDN と MCN とが合同となる．これらの合同関係から定理 15 の助けにより

$$\angle BCN \equiv \angle ADN$$

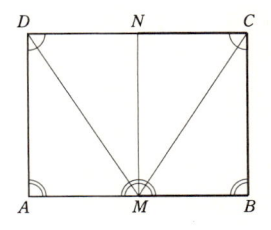

第 34 図

が出る．

したがって四角形 $AMND$ と $BMNC$ は合同である．

定理 37. 四角形 $ABCD$ の四つの角が直角ならば，直線 CD 上の任意の点 E において対辺 AB に立てた垂線 EF がまた CD に垂直である．

証明 一直線 a に関する折返しなる概念を次のごとくに導入する：すなわち任意の一点 P から任意の一直線 a に垂線を下し，これをその垂線のほうにそれ自身だけ延長して点 P' をとり，P' を P の a に関する折り返しという．

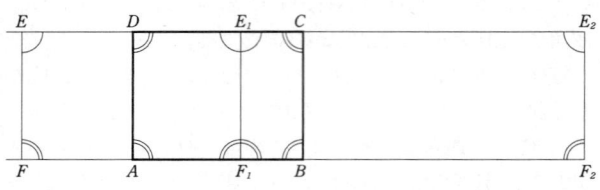

第 35 図

線分 EF を AD および BC に関してそれぞれ折り返す．折返しの像をそれぞれ E_1F_1 および E_2F_2 とすれば，これは定理 36 の後半によって線分 EF に合同となる．点 F_1 および F_2 は F と同様に AB の上にあり；また点 E_1 および E_2 は E と同様に CD の上にある．四角形 EFF_1E_1, EFF_2E_2 および $E_1F_1F_2E_2$ に定理 36 の前半の仮定が適合する．したがってこれから点 E, E_1, E_2 にある四つの角が相等しくなる．このうちの一点（上図では点 E_1）においてはその二つの補角が相等しくなる；すなわちこの四つの相

等しい角は直角である．

定理 38. いずれか一つの四角形において四つの角がすべて直角ならば，三つの角が直角なるごときすべての四角形において第四の角もまた直角である．

証明 $A'B'C'D'$ を四つの直角をもつ四角形，$ABCD$ を A, B, D の三つが直角なる四角形とせよ．$A'B'C'D'$ に合同な四角形 $AB_1C_1D_1$ を作り，A における直角を四角形 $ABCD$ の直角と一致せしめる．

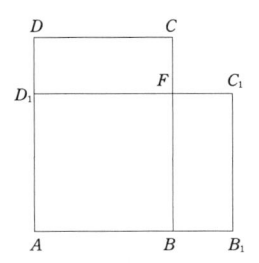

第 36 図

B が B_1 に，D が D_1 に一致する場合は，本定理の結論は定理 37 に一致する．B が A と B_1 との間にあり，D_1 が A と D との間にある場合には，定理 36 の証明と同様にして，外角定理から，線分 BC と C_1D_1 とは一点 F において交わる．定理 37 によって F において，したがって C において直角が出現する．点 A, B, B_1 および A, D, D_1 のこれ以外のあらゆる順序に対しても同様のことが成立する．

定理 38 の助けによりルジャンドルの第二定理を証明することができる．

定理 39. （ルジャンドルの第二定理）いずれか一つの三角形において内角和が二直角ならば，あらゆる三角形の内角の和が二直角に等しい．

証明 内角の和が $2w$ なる三角形 ABC に対し，その三つの角が直角，第四の角が w に等しい一つの四角形を対応せしめることができる．

この目的のために，辺 AC および BC の中点 D, E を結び，この連結直線に A, B および C からそれぞれ垂線 AF, BG および CH を下す．三角形 AFD と三角形 CHD；三角形 BGE と三角形 CHE とがそれぞれ合同なることから，与えられた三角形の角 $\angle A$ または $\angle B$ の一つが鈍角のときもしからざるときも一様に

$$AF \equiv BG,$$
$$\angle FAB + \angle GBA = 2w$$

となる．

直線 FG に垂直二等分線 IK を立てれば，定理 36 の後半から四角形 $AKIF$ と $BKIG$ とが合同である．したがっ

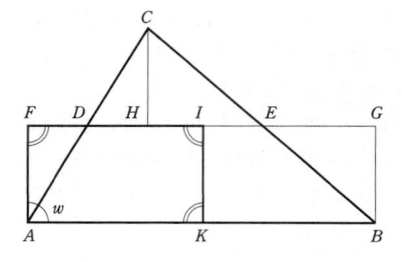

第 37 図

てこの四角形は三つの角がそれぞれ直角であり，第四の角がたがいに相等しい．すなわち

$$\angle FAB \equiv \angle GBA.$$

したがって $\angle FAB = w$ となる，すなわち四角形 $AKIF$ が与えられた三角形に対して求むる条件を満足する．

さていずれか一つの三角形 D_1 においては内角の和が二直角に等しいとし，さらに他の三角形 D_2 が与えられたとせよ．これに対応する四角形 V_1 および V_2 を作る．しからば V_1 は四つの角がすべて直角であり，V_2 では三つの角が直角である．定理 38 により V_2 においても第四の角が直角となる．すなわちルジャンドルの第二定理が証明された．

§11. 合同の公理の独立性

合同の公理の独立性に関する事柄のうちで最も重要なものとして次のことを証明しよう：すなわち公理 III$_5$ は残余の公理 I，II，III$_{1-4}$，IV，V から論理的に演繹することはできない．

常用幾何学の点，直角および平面を新しい立体幾何学の構成元素としてとる．角を合同に移すことは常用幾何学におけると同様に，例えば §9 で述べたように，定義する；しかし線分を合同に移すことは別の仕方で定義する．二点 A_1, A_2 が常用幾何学においてそれぞれ座標 x_1, y_1, z_1 および x_2, y_2, z_2 を有するとする；しかるとき線分 A_1A_2 の長さとして

$$\sqrt{(x_1-x_2+y_1-y_2)^2+(y_1-y_2)^2+(z_1-z_2)^2}$$

の正の値をとり,かつ任意の二つの線分 A_1A_2 と $A_1{}'A_2{}'$ とがここに定めた意味において相等しい長さを有するとき,これらの線分はたがいに合同であるという.

このように定めた空間幾何学において公理 I, II, III$_{1-2}$, $_4$, IV, V (その他公理 III$_5$ の助けによって導出された定理 14, 15, 16, 19, 21 など) が成り立つことは容易にわかる.

公理 III$_3$ が満足されることを証明するために,任意の直線 a をとり,その上に三点 A_1, A_2, A_3 を A_2 が A_1 と A_3 との間にあるように選ぶ.直線 a 上の点 (x, y, z) が方程式

$$x = \lambda t + \lambda',$$
$$y = \mu t + \mu',$$
$$z = \nu t + \nu'$$

で与えられたとする,ここで t は助変数,$\lambda, \lambda', \mu, \mu', \nu, \nu'$ は常数とする.t_1, t_2, t_3 (ただし $t_2 < t_1$ かつ $t_3 < t_2$) を点 A_1, A_2, A_3 に対応する助変数の値とすれば三つの線分 A_1A_2, A_2A_3 および A_1A_3 の長さは

$$(t_1 - t_2)|\sqrt{(\lambda + \mu)^2 + \mu^2 + \nu^2}|,$$
$$(t_2 - t_3)|\sqrt{(\lambda + \mu)^2 + \mu^2 + \nu^2}|,$$
$$(t_1 - t_3)|\sqrt{(\lambda + \mu)^2 + \mu^2 + \nu^2}|$$

となる.したがって線分 A_1A_2 と A_2A_3 の長さの和が線分 A_1A_3 の長さに等しい.これから公理 III$_3$ の成立が結論される.

三角形に関する公理 III$_5$ はわれわれの幾何学においては必ずしもつねに成立しない.その例として平面 $z=0$ の

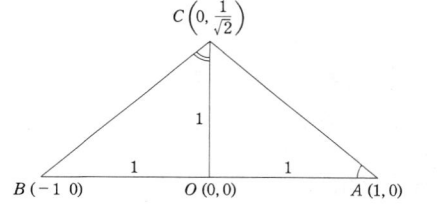

§11. 合同の公理の独立性

$$C\left(0, \frac{1}{\sqrt{2}}\right)$$

第38図

$B(-1,0)$ $O(0,0)$ $A(1,0)$

上に

その座標が $x=0,$ $y=0$ なる O,

その座標が $x=1,$ $y=0$ なる A,

その座標が $x=-1,$ $y=0$ なる B,

その座標が $x=0,$ $y=\dfrac{1}{\sqrt{2}}$ なる C

なる四点を考える.

線分 OA, OB および OC は長さ1である. したがって直角三角形 AOC および COB に対して合同関係

$$\angle AOC \equiv \angle COB,$$
$$OA \equiv OC,$$
$$OC \equiv OB$$

が成り立つ.

しかし公理 III$_5$ に反して角 $\angle OAC$ と $\angle OCB$ とは合同ではない. AC は $\sqrt{2-\dfrac{2}{\sqrt{2}}}$ なる長さを, また BC は $\sqrt{2+\dfrac{2}{\sqrt{2}}}$ なる長さを有するから, この例においては同時に第一合同定理が成立しない. この二つの二等辺三角形 AOC および COB の双方に対して定理11もまた成立し

ない.

　一つの平面 a において線分合同に関することを除き公理の中に現われる諸概念は普通の通りに定義する. 線分の長さとしては平面 a と鋭角で交わる平面 β の上へ下したこの線分の正射影の普通の意味の長さをとる. かく定めた幾何学は公理 III_5 以外のすべての公理を満足する**平面幾何学**の一例を与える.

§12. 連続の公理 V の独立性（非アルキメデス幾何学）

　アルキメデスの公理 V_1 の独立性を証明するためには公理 V を満足せず V 以外の諸公理をすべて満足する一つの幾何学を作らなければならない[1].

　この目的のために, t に加減乗除および演算 $|\sqrt{1+\omega^2}|$ を有限回繰り返して施してえられる t の代数関数全体のなす領域 $\Omega(t)$ を作る, ここで ω は上述の五種の演算によってすでにえられた関数を表わす. 領域 $\Omega(t)$ を構成する元素の集合は, §9 における Ω の元素の集合と同様に, 可附番無限集合をなす. われわれの五種の演算はすべてその結果が一意に確定し, かつ実数の範囲内において遂行することができる. したがって領域 $\Omega(t)$ は t の一意実関数のみから成る.

---

1) ヴェロネーゼもまたその意味深き著書 (G. Veronese : *Grundzüge der Geometrie*, deutsch von A. Schepp, Leipzig 1894) において同様にアルキメデスの公理に独立に一種の幾何学を建設することを試みた.

§12. 連続の公理Vの独立性

c を領域 $\Omega(t)$ に含まれる任意の関数とせよ：関数 c は t の代数関数だから，つねに t の有限個の値に対してのみゼロとなる；したがって関数 c は t の十分大なる正の値に対しては正負いずれかに符号が一定する．

領域 $\Omega(t)$ の関数を次節§13に述べる意味において複素数の一種とみなそう：かく定義された複素数系においては明らかに普通の演算法則がすべて成立する．さらに a, b をこの複素数系に属する任意の相異なる二数とするとき，その差 $c=a-b$ が t の十分大なる正の値に対して正に定まるかあるいは負に定まるかにしたがい，それぞれ a が b よりも大あるいは a が b よりも小であると定める：記号で $a>b$ あるいは $a<b$．このように定めることによってわれわれの複素数系の数に対して，実数におけると同様なる，大小の順序が可能になる；またわれわれの複素数に対して不等式の両辺に同一の数を加えても，あるいは >0 なる同一の数を掛けても不等式の向きが変わらないという定理が成立することが容易にわかる．

n を任意の正の整数とするとき，領域 $\Omega(t)$ に属するとみなしうる二数 n と t とに対してつねに不等関係 $n<t$ が成り立つ，いかにも差 $n-t$ を t の関数とみなすとき t の十分大なる正の値に対してその符号が負に定まるからである．この事柄は次のごとく述べることができる：領域 $\Omega(t)$ に属する二つの正数 1 および t について，1 のいかなる倍数をとるもつねに t よりも小である．

さて§9において代数的数の領域 Ω を基礎に置いてし

たのとまったく同様に，領域 $\Omega(t)$ の複素数を用いて一種の幾何学を作る：領域 $\Omega(t)$ に属する三つの数の組 (x, y, z) を点と考え，$\Omega(t)$ の任意の四数の比 $(u:v:w:r)$ において u, v, w がことごとくはゼロでないときにこれを一つの平面と考え；さらに方程式

$$ux + vy + wz + r = 0$$

が成り立つとき点 (x, y, z) が平面 $(u:v:w:r)$ の上にあると定め；かつ相異なる比 $u:v:w$ をもつ二平面上に同時にある点全体の集まりを直線ということにする．さらに元素の順序について，また線分および角を合同に移すことについては§9におけると同様それぞれ適当に定めれば，これによって一つの**非アルキメデス幾何学**が成立する．この幾何学においては複素数系 $\Omega(t)$ が有する前述の性質に基づき，連続の公理以外の諸公理がすべて成立する．実際に線分 1 を線分 t の上にその端点を越えることなしに幾回でも合同に移していくことができる；これはアルキメデスの公理の要請に反することである．

完全性公理 V_2 がその前にあるすべての公理 I-IV，V_1 に独立なることは§9において作った第一の幾何学がこれを示している，いかにもこれにおいてはアルキメデスの公理が満足されるからである．

同時に非アルキメデス的でかつ非ユークリッド的なる諸種の幾何学もまた原理的に重要な意味を有するが，特にルジャンドルの定理を証明する場合のアルキメデスの公理の役割ははなはだ面白い．私の提案によりデーン (M. Dehn)

がこれについて行った研究[1]はこの問題を完全な解明に導いた．デーンの研究においては公理 I-III を基礎にとる，もっとも研究の終りの部分においてリーマン（楕円）幾何学をも研究の範囲内に取り入れるために，順序の公理 II が本書におけるよりも，さらに一般的な形でとってある．すなわち

一直線上の四点 A, B, C, D をつねに二組 A, C と B, D とに分かち，A, C と B, D とがたがいに他を分かつようにすることができる．逆もまた真である．一直線上にある五点はつねにこれを A, B, C, D, E をもって表わし A, C が B, D および B, E によって分かたれ，A, D が B, E および C, E によって分かたれる等々のごとくにすることができる．

公理 I-III に基づいて，すなわち連続性を用いることなしに，デーンはまずルジャンドルの第二定理（定理 39）の拡張を証明する：

一つの三角形においてその内角の和が二直角よりも大なるか，等しいか，小なるかにしたがい，すべての三角形において内角の和が二直角よりも大，等し，小となる[2]．

---

1) M. Dehn : Die Legendreschen Sätze über die Winkelsumme im Dreieck, *Math. Ann.* 53, 1900.

2) その後シューア（F. Schur : *Math. Ann.* 55）さらにヘルムスレフ（Hjelmslev, *Math. Ann.* 64）もまたこの定理の証明を与えた；特に後者のはこの定理の中間部の証明を極めて短くなしうることにおいて優れている．また F. Schur, *Grundlagen der Geometrie*, Leipzig und Berlin 1909, §6 を参照せよ．

さらに前掲の論文においてルジャンドルの第一定理（定理 35）の補遺が証明された：

アルキメデスの公理を仮定しなければ，一点を通り一直線に対して無数に多くの平行線の存在を仮定しても，三角形の内角和が二直角よりも小なることは証明されない．なお一方において一点を通り一直線に対して無数に多くの平行線を引きうると同時に，リーマン（楕円）幾何学の諸定理が成り立つごとき幾何学（非ルジャンドル幾何学）が存在するのみならず，他方においては一点を通り一直線に対して無数に多くの平行線が存在し，なおかつユークリッド幾何学の諸定理が成り立つごとき幾何学（半ユークリッド幾何学）が存在する．

平行線の存在せざることを仮定すれば，三角形の内角の和はつねに二直角よりも大となる．

最後にアルキメデスの公理を追加仮定すれば，平行の公理が三角形の内角和が二直角に等しいとの要請で置換しうることを一言補足しておこう．

第3章 比例の理論

§13. 複素数系[1]

本章の頭初において複素数系に関して簡単な説明を加えておこう，これは後になって特に説明を容易ならしめるために有用である．

実数はその全体として次の諸性質をもつものの集まりを形成する：

結合の定理（1-6）：

1. 数 a と数 b から「加法」によって一つの確定した数 c ができる．記号で

$$a+b = c \quad \text{あるいは} \quad c = a+b.$$

2. a, b を与えられた数とするとき，つねにそれぞれ

$$a+x = b \quad \text{または} \quad y+a = b$$

となるただ一つの数 x およびただ一つの数 y が存在する．

3. 任意の数 a に対して共通に

$$a+0 = a \quad \text{かつ} \quad 0+a = a$$

となるごとき一つの確定した数が存在する——これを 0

---

[1] 著者の講演「数の概念について」（本書附録）を参照せよ．

(ゼロ) という．

4. 数 a と数 b とから第二の結合法，すなわち「乗法」によって一つの定まった数 c ができる．記号で

$$ab = c \quad あるいは \quad c = ab.$$

5. a および b を任意の与えられた数とし，a が 0 でないとすれば，それぞれ

$$ax = b \quad または \quad ya = b$$

となるごときただ一つの数 x およびただ一つの数 y が存在する．

6. 任意の数 a に対して共通に

$$a \cdot 1 = a \quad かつ \quad 1 \cdot a = a$$

となるごとき一つの確定した数が存在する，これを 1 という．

演算の法則 (7-12)：

a, b, c を任意の数とするとき，つねに次の演算法則が成立する：

7. $\quad a + (b+c) = (a+b) + c$
8. $\quad a + b = b + a$
9. $\quad a(bc) = (ab)c$
10. $\quad a(b+c) = ab + ac$
11. $\quad (a+b)c = ac + bc$
12. $\quad ab = ba$

順序の定理 (13-16)：

13. a, b を相異なる二数とするとき，そのうちのただ一つの数（例えば a）が他のものよりも大である；このとき

後者をより小なる数という．記号で

$$a > b \quad \text{および} \quad b < a$$

$a > a$ を満足する数は存在しない．

14. $a > b$，かつ $b > c$ ならば，また $a > c$ である．

15. $a > b$ ならば，つねに

$$a + c > b + c$$

である．

16. $a > b$ かつ $c > 0$ ならば，またつねに

$$ac > bc$$

である．

連続の定理（17-18）：

17. （アルキメデスの定理）$a > 0$ および $b > 0$ を任意の二数とするとき，a を繰り返し有限回加え合せてうる和をして b よりも大ならしめることがつねに可能である．記号で

$$a + a + \cdots + a > b.$$

18. （完全性の定理）数の集まりは他物の集まりを数として附加して新しい集まりを作り，ここにおいて数の間の諸関係をたもったまま定理 1-17 を全部成立せしめることはできない．略言すれば，数は上述の諸関係およびここに挙げた定理を全部保存する限りでは，もはやこれ以上に拡大不可能なる一つの集まりを形成する．

性質 1-18 のいくつかを満足するものの集まりのことを**複素数系**という．複素数系が条件 17 を満足するか，せざるかにしたがいこれを**アルキメデス的**あるいは**非アルキメデ**

ス的数系という.

ここに列挙した性質 1-18 のうちのあるものは残余のものから導出しうる. これらの性質の論理的従属性を研究することが問題となるが[1], われわれは第 6 章 §32 および §33 においてこの種の問題のうちの特別の二問題に, その幾何学的意義の重要なために, 解答を与えることにする, そしてここでは単に次のことに言及するにとどめよう, すなわちとにかく条件 17 はこれに先立つ諸性質からの論理的帰結ではない, 何となれば, 例えば §12 で考察した複素数系 $\Omega(t)$ は 1-16 の性質全部を満足するが, 条件 17 は満足しないからである.

なお連続の定理 (17-18) については, §8 において連続の幾何学的公理に対してなしたのと同様の注意が適合する.

§14. パスカルの定理の証明

本章と次章との研究には連続の公理を除く全部の平面公理を基礎にとる. すなわち公理 I_{1-3} および II-IV を採用する. 本章においては上述の諸公理を用いて, すなわち平面の性質のみを用いかつアルキメデスの公理を用いずに, ユークリッドの比例論を考察せんとするのである.

この目的のためにまず一つの事柄を証明する. これは円錐曲線論における周知のパスカルの定理の特別な場合であ

---

[1] すでに引用した著者の数の概念に関する講演を参照せよ.

るが，これを今後単にパスカルの定理と呼ぶことにしよう．すなわち

定理 40[1]．（パスカルの定理）A, B, C および A', B', C' をそれぞれ三点ずつ相交わる二直線上にあり，かつその交点と一致せざる点とせよ；しかるとき CB' が BC' に平行かつ CA' が AC' に平行ならば，BA' がまた AB' に平行である．

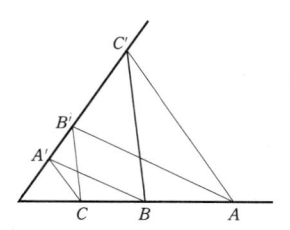

第 39 図

この定理を証明するためにまず次の記法を導入する：直角三角形において直角をはさむ一辺 a は斜辺 c と c および a のはさむ底角 α とによって一意に確定する；これを

$$a = \alpha c$$

とおく．c が任意の与えられた線分，α が任意の与えられた鋭角なるとき，記号 αc はつねに確定せる線分を意味す

---

[1]　シューアは平面および空間公理 I-III に基づくパスカルの定理の興味深き証明を発表した（F. Schur, *Math. Ann.* 51）；デーンもまた同様（Dehn, *Math. Ann.* 53）．ヘルムスレフはヘッセンベルグ（Hessenberg, *Math. Ann.* 61）の結果を用いて，パスカルの定理を平面公理 I-III のみを用いて証明した（Hjelmslev, Neue Begründung der ebenen Geometrie, *Math. Ann.* 64）．

る．同様に線分 a と鋭角 α を任意に与えるとき等式
$$a = \alpha c$$
はつねに一意に線分 c を確定する．

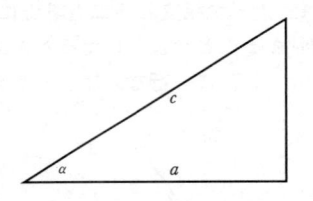

第 40 図

次に c を任意の線分，α, β を任意の二つの鋭角とすれば，つねに
$$\alpha\beta c \equiv \beta\alpha c$$
なる線分の合同関係が成立する，すなわち記号 α, β はつねにたがいに交換可能である．

これを証明するために，線分 $c = AB$ をとり，点 A においてその両側にそれぞれ角 α, β を作る．点 B からこの二つの角の自由辺にそれぞれ垂線 BC および BD を下し，

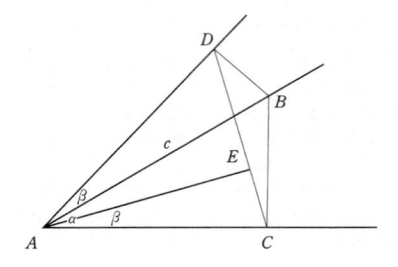

第 41 図

C, D を結び，最後に点 A から CD に垂線 AE を下す．

角 $\angle ACB$ と $\angle ADB$ が直角だから，四点 A, B, C, D は一円周上にある，したがって角 $\angle ACD$ と $\angle ABD$ とは同じ弦 AD の上に立つ円周角としてたがいに合同である．さて一方において角 $\angle ACD$ と $\angle CAE$ の和，他方において角 $\angle ABD$ と $\angle BAD$ の和はそれぞれ直角である，したがって角 $\angle CAE$ と $\angle BAD$ とはたがいに合同である，すなわち

$$\angle CAE \equiv \beta$$

したがって

$$\angle DAE \equiv \alpha.$$

われわれは直ちに次の合同関係を得る．

| $\beta c \equiv AD,$ | $\alpha c \equiv AC,$ |
| $\alpha\beta c \equiv \alpha(AD) \equiv AE$ | $\beta\alpha c \equiv \beta(AC) \equiv AE$ |

これから前に主張した合同関係の正しいことが結論される．

さてパスカルの定理の図形に立ち返り，両直線の交点を O とし，線分 $OA, OB, OC, OA', OB', OC', CB', BC', AC', CA', BA', AB'$ をそれぞれ $a, b, c, a', b', c', l, l^*, m, m^*, n, n^*$ をもって表わす．点 O から l, m^*, n に垂線を下す；l へ下した垂線が直線 OA, OA' とそれぞれ鋭角 λ', λ をなし；m^* および n へ下した垂線が直線 OA, OA' とそれぞれ鋭角 μ', μ および ν', ν をなすとする．さて前に述べた方法により，斜辺と底角とを用いてこれら三つの垂線を適当な直角三角形について二様に表わせば，次の線

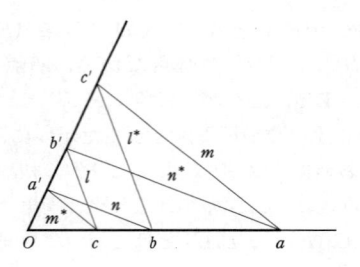

第 42 図

分合同関係をうる：

(1) $\qquad \lambda b' \equiv \lambda' c,$
(2) $\qquad \mu a' \equiv \mu' c,$
(3) $\qquad \nu a' \equiv \nu' b.$

しかるに仮定によって l は l^* に平行, m は m^* に平行であるから, O から l^* および m に下した垂線はそれぞれ l および m^* に下した垂線に一致する. したがって次の関係をうる.

(4) $\qquad \lambda c' \equiv \lambda' b$
(5) $\qquad \mu c' \equiv \mu' a.$

合同関係 (3) の両辺に記号 $\lambda'\mu$ をかけ, かつ上に証明したことによりこの記号がたがいに交換可能なことを考慮すれば

$$\nu \lambda' \mu a' \equiv \nu' \mu \lambda' b$$

をうる.

この式の左辺においては合同関係 (2) を, 右辺においては (4) を参照すれば

$$\nu\lambda'\mu'c \equiv \nu'\mu\lambda c'$$
すなわち $$\nu\mu'\lambda'c \equiv \nu'\lambda\mu c'$$
となる．ここで左辺では合同関係 (1) を，右辺では (5) を参照すれば
$$\nu\mu'\lambda b' \equiv \nu'\lambda\mu' a$$
すなわち $$\lambda\mu'\nu b' \equiv \lambda\mu'\nu' a$$
となる．

第 89 頁に掲げたこの記号の性質に基づき上の関係式から直ちに
$$\mu'\nu b' \equiv \mu'\nu' a$$
を，そしてこれから
(6) $$\nu b' \equiv \nu' a$$
が出せる．

今 O から n へ下した垂線に着目し，A および B' からこれに垂線を下せば，合同関係 (6) は両垂線の足が一致することを示している．すなわち直線 $n^* = AB'$ は n への垂線に垂直であり，したがって n に平行である．これによりパスカルの定理の証明が完了した．

以下比例理論の基礎づけに際してはパスカルの定理において合同関係
$$OC \equiv OA'$$
したがって $$OA \equiv OC'$$
もまた成立しかつ三点 A, B, C が点 O から出る同一の半直線上にある特殊な場合のみを用いる．この特殊な場合には定理の証明は特に簡単に，すなわち次のようにできる：

OA' 上に O から線分 OB に合同に OD' をとれば，連結直線 BD' は CA' および AC' に平行となる．三角形 $OC'B$ と OAD' の合同なることから

(1†)　　$\angle OC'B \equiv \angle OAD'$ になる．仮定から CB' とは BC' はたがいに平行だから

(2†)　　$\angle OC'B \equiv \angle OB'C$；

(1†) と (2†) とから
$$\angle OAD' \equiv \angle OB'C$$
をうる．しかるに円の理論によれば $ACD'B'$ は内接四角形であり，したがって内接四角形の角に関する周知の定理によって合同関係

(3†)　　　　　　　$\angle OD'C \equiv \angle OAB'$

が成り立つ．

他方において三角形 $OD'C$ と OBA' の合同によって，また

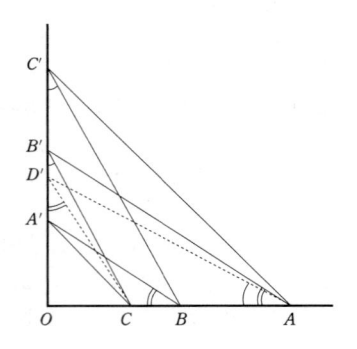

第 43 図

(4†) $$\angle OD'C \equiv \angle OBA';$$
(3†) と (4†) とから
$$\angle OAB' \equiv \angle OBA'$$
をうる；そしてこの合同関係は AB' と BA' とが，パスカルの定理の要求するごとく，たがいに平行なることを教える．

任意の一直線とこの上にない一点および任意の角が与えられるとき，角を合同に移すことと，平行線を引くことにより，与えられた点を通り与えられた直線と与えられた角をなす直線を引くことができる．これに注意すればパスカルの一般定理を証明するのにもまた次のような簡単な論法——もっともこれは著者の独創ではないけれども——を適用することができる．

B を通り直線を引き，OA' と D' において角 $\angle OCA'$ をなして交わり合同関係

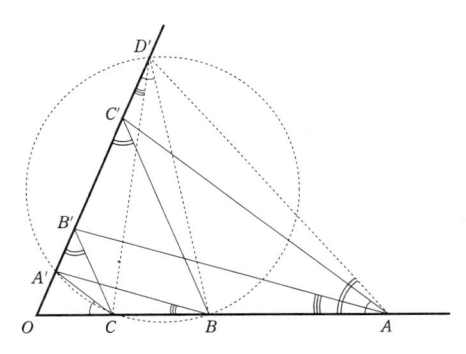

第44図

(1*) $$\angle OCA' \equiv \angle OD'B$$
が成り立つようにする；しかるときは円論の周知の定理により $CBD'A'$ は一つの内接四角形である．したがって同一弦の上に立つ円周角合同の定理により，合同関係
(2*) $$\angle OBA' \equiv \angle OD'C$$
が成り立つ．

仮定により CA' と AC' はたがいに平行だから，
(3*) $$\angle OCA' \equiv \angle OAC'$$
である；(1*) と (3*) から合同関係
$$\angle OD'B \equiv \angle OAC'$$
をうる；しからば $BAD'C'$ もまた内接四角形である，したがって内接四角形の角の定理から合同関係
(4*) $$\angle OAD' \equiv \angle OC'B$$
が成り立つ．さらに仮定により CB' が BC' に平行だから，また
(5*) $$\angle OB'C \equiv \angle OC'B$$
となる；(4*) と (5*) から合同関係
$$\angle OAD' \equiv \angle OB'C$$
をうる．これによりついに $CAD'B'$ が円に内接する四角形となり，これから合同関係
(6*) $$\angle OAB' \equiv \angle OD'C$$
が成り立つ．

(2*) と (6*) から
$$\angle OBA' \equiv \angle OAB'$$
が出る，そしてこの合同関係はパスカルの定理が要求する

ごとく，BA' と AB' がたがいに平行なることを教える．

D' が点 A', B', C' の一つと重なるか，A, B, C の順序が上のものと異なる場合には，ここで述べた論法には多少の変更が必要である．しかしそのいかにすべきかは容易にわかることである[1]．

§15. パスカルの定理に基づく線分算

前節において証明したパスカルの定理は実数に関する計算法則がすべてそのまま成立するごとく，線分を元素とする一種の計算を幾何学に導入することを可能ならしめる．

線分算においては合同という言葉と ≡ なる記号の代わりに，「相等しい」という言葉と ＝ なる記号を用いる．

A, B, C が一直線上の三点であって，B が A と C との間にあれば，$c=AC$ を二つの線分 $a=AB$ と $b=BC$ との**和**と名づけ

$$c = a+b$$

とおく．

線分 a および b は c よりも小であるという，記号で：

$$a < c, \quad b < c,$$

そして c は a および b よりも大であるという，記号で

[1) パスカルの定理もしくは比例理論の基礎に三角形の垂心の定理をとりうることは興味がある：これについてはシューア (F. Schur, *Math. Ann.* 57) およびモレルップ (J. Mollerup, *Studier over den plane geometris Aksiomer*, Kopenhagen 1903) を参照せよ．

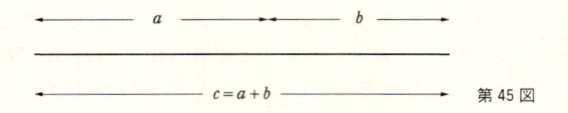

[第45図]

$$c > a, \quad c > b.$$

合同の直線公理 III_{1-3} から，ここに定義した線分の加法に対して「結合律」

$$a+(b+c) = (a+b)+c$$

および「交換律」

$$a+b = b+a$$

が成立することが容易にわかる．

線分 a と線分 b との積を幾何学的に定義するためには，次の作図を用いる：まず任意の一線分をとり，これをわれわれの考察の全体を通じて変えないこととし，これを1をもって表わす．次に直角の一辺の上に，その頂点 O を始点として線分1およびさらに同じ点 O から線分 b をとる；次に他の辺の上に線分 a をとる．線分1および a の端点を直線をもって連結し，線分 b の端点を通ってこの直線に平

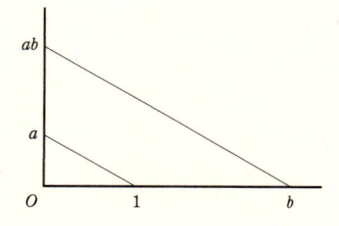

[第46図]

行線を引く；これが角の他の一辺から線分 c を切り取るとする：この線分 c を線分 a を線分 b に掛けた**積**と名づけ
$$c = ab$$
をもって表わす．

特にわれわれが証明せんとするのはいま定義した線分の乗法に対して「交換律」
$$ab = ba$$
が成立することである．

この目的のためにまず上に定めた方法で線分 ab を作る．さらに直角の一辺の上に線分 a を，第二の辺の上に線分 b をとり，線分 1 の端点を第二辺の上にある b の端点と直線をもって連結し，第一辺上の a の端点を通りこの連結直線に平行線を引く；これは第二辺から線分 ba を切り取る；そして下図において点線で描いた補助線が平行だから

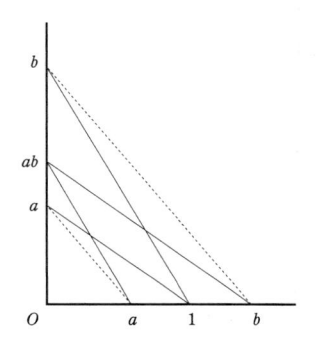

第 47 図

パスカルの定理（定理 40）により，線分 ba は前に作図した線分 ab に一致する．また逆に，われわれの線分算において乗法の交換律が成り立てば，第 91 ないし 92 頁で述べたパスカルの定理の特殊な場合が半直線 OA と OA' が直交する図形に対して成立することが明らかである．

われわれの線分の乗法に対して「結合律」
$$a(bc) = (ab)c$$
の成立を証明するために，直角の一辺上に頂点 O を始点として線分 1 と b を他の辺の上に同じく頂点 O を始点として線分 a と c とをとる．次に線分 $d=ab$ および $e=cb$ を作り，線分 d および e を直角の第一辺の上に O を始点として移す．次に線分 ae および cd を作れば，下図において再びパスカルの定理に基づき，この両線分の端点の一致することがわかる．すなわち

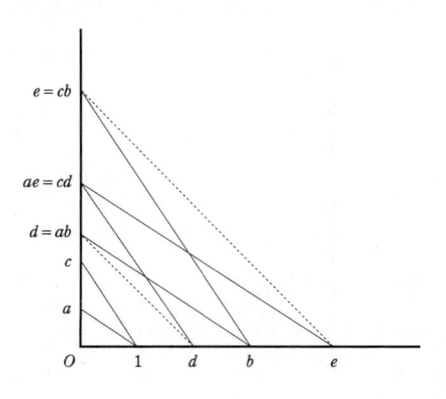

第 48 図

$$ae = cd \quad \text{すなわち} \quad a(cb) = c(ab),$$

そして交換律を援用すれば，これからまた

$$a(bc) = (ab)c$$

が出せる[1]．

上述のごとく，乗法の交換律および結合律の証明を通じてわれわれはパスカルの定理の特別な場合を利用した，そしてその証明は第 92 ないし 93 頁（§14）で述べたごとく，円に内接する四角形の定理をただ一回適用するだけで極めて簡単になしうるものであった．

「以上の所論をまとめれば，われわれは従来知られたもののうちでは最も簡単だと言いうる次のごとき線分算の乗法法則の基礎づけに到達する」：

すなわち直角の一辺の上に頂点 O を始点として，線分 $a = OA$ および $b = OB$ をとり，さらに他の一辺の上に単位線分 $1 = OC$ をとる．三点 A, B, C を通る円を第二辺とさらに一点 D において交わらしめる．点 D はコンパスを用いることなしに合同公理の根拠のみから求めうる，すなわち円の中心から直線 OC に垂線を下し，この垂足を点 C

---

1) このほかになおクネーゼル (A. Kneser, *Archiv f. Math. u. Phys.*, R. III, Bd. 2) およびモレルップ (J. Mollerup, *Math. Ann.* 56 および *Studier over den plane geometris Aksiomer*, Kopenhagen 1903) が与えた比例等式より出発する方法による比例理論の基礎づけの仕方をも参照せよ．シューア (F. Schur, *Math. Ann.* 57) はクッフェル (Kupffer, *Sitzungsber. der Naturforschergesellschaft zu Dorpat*, 1893) がすでに乗法の交換律を証明したことを注意しているが，クッフェルの比例論の基礎づけは完全とは言い難い．

第 3 章 比例の理論

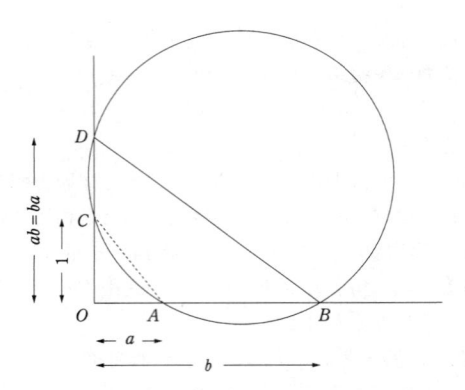

第 49 図

に関して折り返せばよい．角 $\angle OCA$ と $\angle OBD$ との等しいことから二線分の積の定義によって（第 96 頁）

$$OD = ab$$

である，かつ角 $\angle ODA$ と $\angle OBC$ との相等しいことから同じ定義によって

$$OD = ba$$

である．

これから乗法の交換律

$$ab = ba$$

が結論される．さらに第 97 頁の注意にしたがい，これからさらに第 92 頁に述べた直角の二辺の場合のパスカルの定理の特別な場合が成り立つことが証明され，これから再び第 98 頁に述べたことによって乗法の結合律

$$a(bc) = (ab)c$$

が結論される．

最後にわれわれの線分算においては「分配律」
$$a(b+c) = ab+ac$$
も成り立つ．これを証明するために，線分 $ab, ac, a(b+c)$ を作り，線分 c の端点を通り直角の他の辺に平行線を引く．下図において斜線を引いた二つの直角三角形の合同と平行四辺形の対辺の相等の定理が求むる証明を与える．

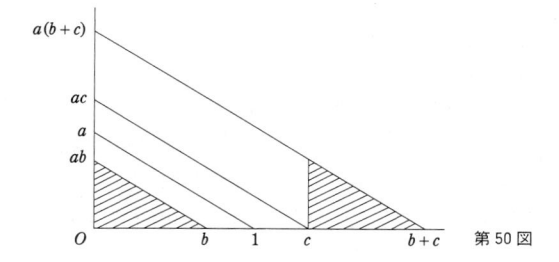

第50図

b および c を任意の二線分とするとき，$c=ab$ となるような線分 a がつねに存在する；この線分 a を $\frac{c}{b}$ をもって表わし c を b で割った**商**という．

§16. 比例と相似定理

上に述べた線分算の助けによればユークリッドの比例の理論を不完全なところがなく，かつアルキメデスの公理を用いずに次のように基礎づけることができる：

定義 a, b, a', b' を任意の四線分とするとき，**比例**
$$a : b = a' : b'$$

とは線分等式
$$ab' = ba'$$
にほかならぬ．

定義 二つの三角形の相対応する角がそれぞれ合同なるとき，この三角形は**相似**であるという．

定理 41. a, b および a', b' を二つの相似三角形における対応辺とすれば，次の比例が成り立つ．
$$a : b = a' : b'.$$

証明 まず最初に両三角形において a, b および a', b' のなす角が直角なる特殊の場合を考える，そしてこれらの三角形をただ一つの直角に合せて考えることとする．頂点から一辺の上に線分 1 をとり，線分 1 の端点を通り，両三角形の斜辺に平行線を引く；これが他の一辺から線分 e を切り取るとする；しからば線分の積の定義により
$$b = ea, \quad b' = ea';$$
したがって
$$ab' = ba',$$
すなわち $\qquad a : b = a' : b'.$

次に一般の場合に立ち返ろう．おのおのの三角形においてそれぞれ三つの内角の二等分線の交点 S および S' を作る．そしてこの点の存在は定理 25 から容易に確かめることができる．そしてこの点から三角形の辺にそれぞれ垂線 r および r' を下し，各辺の上にこの垂足が作る截片をそれぞれ
$$a_b, \quad a_c, \quad b_c, \quad b_a, \quad c_a, \quad c_b$$

第 51 図

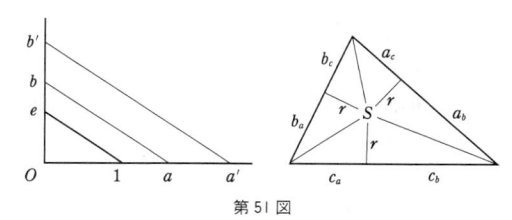

および
$$a_b', \quad a_c', \quad b_c', \quad b_a', \quad c_a', \quad c_b'$$
とせよ．

しかるときは前に証明した特別の場合は比例
$$a_b : r = a_b' : r' \quad | \quad b_c : r = b_c' : r'$$
$$a_c : r = a_c' : r' \quad | \quad b_a : r = b_a' : r'$$
を与える；これから分配律を用いて
$$a : r = a' : r', \quad b : r = b' : r'$$
そしてこれから
$$b'ar' = b'ra', \quad a'br' = a'rb'$$
をうる．

この等式から乗法の交換律の助けにより
$$a : b = a' : b'$$
がえられる．

定理 41 から容易に比例論の基礎定理をうる，すなわち

定理 42. 二つの平行線が任意の角の両辺からそれぞれ線分 a, b および a', b' を切り取れば，比例
$$a : b = a' : b'$$
が成立する．

逆に，四線分 a, b, a', b' が上の比例を満足するとき，a, a' および b, b' をそれぞれ任意の角のそれぞれ一辺の上にとるときは，a, b の端点および a', b' の端点の連結直線はたがいに平行である．

§17. 直線および平面の方程式

従来の線分の集合にわれわれはさらに第二の線分の集合を附け加える．すなわち順序の公理に基づいて一直線上において正および負の方向を区別することは容易にできる．従来 a をもって表わした線分 AB を今後は B が A から見て正の方向にあるときに限って a をもって表わし，しからざる場合に $-a$ をもって表わすこととする．点を線分 0 として表わす．線分 a を正である，あるいは 0 よりも大であるという，記号で $a>0$；線分 $-a$ を負である，あるいは 0 よりも小であるという，記号で

$$-a < 0.$$

しかるときはこの拡張された線分算においては§13 に掲げた実数の演算法則 1-16 が全部成り立つ．われわれは次の特殊な事柄に注意する：

つねに

$$a \cdot 1 = 1 \cdot a = a \quad \text{かつ} \quad a \cdot 0 = 0 \cdot a = 0.$$

$ab=0$ ならば，$a=0$ なるか $b=0$ なるかである．$a>b$ で，$c>0$ ならば，$ac>bc$ である．さらに $A_1, A_2, A_3, \cdots$, A_{n-1}, A_n を一直線上の n 個の点とすれば，線分 A_1A_2, $A_2A_3, \cdots, A_{n-1}A_n, A_nA_1$ の和は 0 に等しい．

さて一つの平面 α において一点 O を通りたがいに直交する二つの直線を固定した直交軸としてとり，かつ任意の線分 x, y を点 O から両直線の上にとる；次に線分 x, y の端点においてそれぞれ垂線を立て，その交点 P を定める：線分 x, y を点 P の**座標**という．平面 α 上の任意の点は，正，負または 0 なる線分，すなわちその点の座標によって一意に確定される．

l を平面 α 上にあって，点 O および座標 (a, b) をもつ点 C を通る直線とせよ．しからば x, y を l 上の任意の点 P の座標とすれば，定理 42 から直線 l の方程式として

$$a : b = x : y$$

すなわち $$bx - ay = 0$$

が容易に見出される．l' を l に平行でかつ x 軸上に線分 c を切り取る直線とすれば，直線 l の方程式において線分 x を線分 $x-c$ で置換することによって直線 l' の方程式に到達する；したがって求むる方程式は

$$bx - ay - bc = 0$$

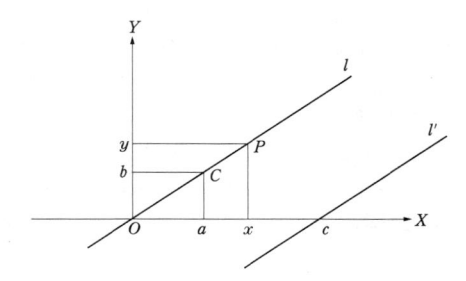

第 52 図

となる.

かく論ずることによってわれわれはアルキメデスの公理に独立な論法をもって次の結論をうる：すなわち平面上の任意の直線は座標 x, y に関する一次方程式によって表わされ，また逆に座標 x, y に関する任意の一次方程式は直線を表わす．この際方程式の係数はここで問題としている幾何学における線分である．同様にして容易に立体幾何学においてこれに対応する事柄を証明することができる.

さらに詳しくこの幾何学を建設するには，ここから後は解析幾何学において常用する方法によればよい.

この第3章においてここにいたるまで，われわれはアルキメデスの公理をまったく用いなかった．いまアルキメデスの公理が成り立つと仮定すれば，空間にある任意の一直線上の点に実数を対応せしめ，しかも次のごとくにすることができる.

一直線上に任意の二点をとり，これに数 0 および 1 を対応させる；次に線分 01 を二等分しその中点を $\frac{1}{2}$ で表わし，さらに線分 $0\frac{1}{2}$ の中点を $\frac{1}{4}$ で表わす等々；この操作を n 回繰り返した後にうる点に数 $\frac{1}{2^n}$ を対応せしめる．いま線分 $0\frac{1}{2^n}$ を点 0 を始点として 1 のある側およびその反対の側に，それぞれ例えば m 回引続き合同に移してえられる点にそれぞれ数 $\frac{m}{2^n}$ および $-\frac{m}{2^n}$ を附与する．アルキメデスの公理からこの対応に基づいて直線上の任意の点に一意に実数を対応せしめ，しかもこの対応が次の性質をもつようにすることができることを容易に証明することがで

きる. すなわち A, B, C を一直線上の三点, α, β, γ をこれに対応する実数とするとき, B が A と C との間にあれば, この数の間に不等関係 $\alpha<\beta<\gamma$ あるいは $\alpha>\beta>\gamma$ が成り立つ.

第2章§9で述べたことから, 代数的数体 Ω に属する任意の実数に対して, 必ずこれに対応する直線上の一点が存在しなければならぬことがわかる. しかしこれ以外の任意の実数に対して一点が対応するか否かは, 問題とする幾何学において完全性の公理 V_2 が成り立つか否かにかかっている.

これに反し, 一つの幾何学においてアルキメデスの公理の成立のみを仮定すれば, 点, 直線, 平面の集まりを『無理』元素によって拡大し, かくしてえられた幾何学において, 任意の直線上でその方程式を満足する三つの実数の任意の一組に対して例外なく一点が対応しているようにすることがつねに可能である. 適当に定義を定めることにより, 同時にこの拡大された幾何学において公理 I-V の「全部」が成り立つようにすることができる. この無理元素の添加によって拡大された幾何学は, 完全性の公理 V_2 もまた成立する常用の立体解析幾何学にほかならない[1].

---

1) §8の終りの注意を参照せよ.

第4章　平面における面積の理論

§18. 多角形の分解等積と補充等積

　本章の研究に対しては第3章と同じ公理を基礎にとる．すなわち連続の公理を除いてすべての公理の直線および平面公理，すなわち公理 I_{1-3}，および II-IV をとる．

　第3章で述べた比例の理論とそこで導入した線分算とは面積に関するユークリッドの理論を上述の諸公理を用いて，すなわち平面においてかつ連続の公理に独立に基礎づけすることを可能ならしめる．

　第3章の所説によれば比例の理論は主としてパスカルの定理（定理40）に基づいているが面積の理論もまた同様である．面積の理論のこの基礎づけの仕方は初等幾何学におけるパスカルの定理の最も重要な応用の一つであると思われる．

　定義　単一多角形の二点をまったくこの多角形の内部を走り，かつ二重点のない任意の折線で結べば，新しく二つの単一多角形 P_1, P_2 ができる．そしてこれらの多角形の内部の点はことごとく P の内部にある；このとき P が P_1 と P_2 とに**分解する**，あるいは P が P_1 と P_2 とに分かたれ

る，あるいは P_1 と P_2 は P を合成するなどという．

定義 二つの単一多角形がそれぞれ有限個の三角形に分かたれ，これらの細分三角形がそれぞれ二つずつたがいに合同なるとき，二つの単一多角形は**分解等積**であるという．

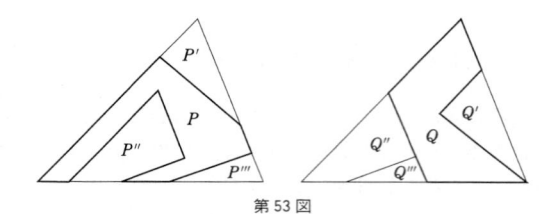

第 53 図

定義 二つの単一多角形 P, Q にそれぞれ二つずつ分解等積なる有限個の多角形 $P', Q'; P'', Q''; \cdots; P''', Q'''$ を附加して多角形 $P+P'+P''+\cdots+P'''$ と $Q+Q'+Q''+\cdots+Q'''$ をたがいに分解等積ならしめうるとき，多角形 P と Q は**補充等積**であるという．

これらの定義から直ちに次のことが出る；すなわち分解等積な多角形を合成すれば和はまた分解等積な多角形となり，分解等積なる多角形から分解等積な多角形を除去すれば，残りは補充等積な多角形である．

さらに次の諸定理が成り立つ．

定理 43. 二つの多角形 P_1, P_2 が第三の多角形 P_3 に分解等積ならば，これらはまたたがいに分解等積である．二つの多角形が第三の多角形に補充等積ならば，これらはた

第 54 図

第 55 図

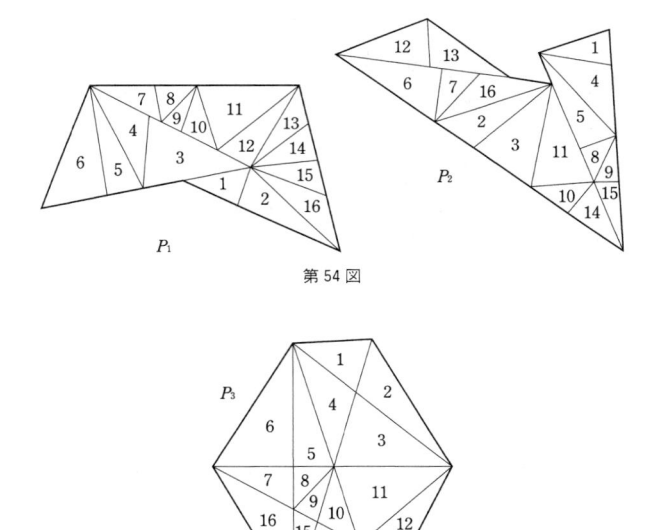

がいに補充等積である．

証明 仮定から P_1 および P_2 に対してそれぞれ三角形細分が存在し，この細分はそれぞれ多角形 P_3 を合同三角形に細分することに対応する．いま P_3 においてこの二つの三角形細分を同時に考えれば，一つの細分に属する三角形は他の細分に属する線分によって一般に多角形に分解される．いまこれらの多角形がすべて三角形に分解されるまで

線分を附け加え，また P_1 および P_2 においてもこれに対応してそれぞれ三角形細分を作る．しからば明らかに多角形 P_1 と P_2 とは同数のそれぞれ二つずつ合同な三角形に分解する，したがって定義によってたがいに分解等積である．

定理 43 の後半の命題は，もはや困難なく証明される．

われわれは普通の通り矩形，平行四辺形の底と高さ，三角形の底と高さなどの諸概念を定義しておく．

§19．同底，同高の平行四辺形と三角形

下図に示すごときユークリッドの周知の論法によって

定理 44. 同底，同高の平行四辺形はたがいに補充等積である．

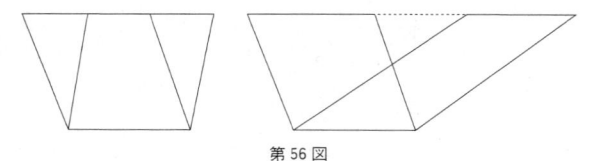

第 56 図

さらに周知の事柄が成り立つ；

定理 45. 任意の三角形 ABC はこれと底を同じくし，高さがそれの半分なる平行四辺形に分解等積である．

証明 AC を D において，BC を E において二分し，DE をそれ自身に等しく F まで延長すれば，三角形 DCE と FBE とはたがいに合同である，したがって三角形 ABC と平行四辺形 $ABFD$ とはたがいに分解等積である．

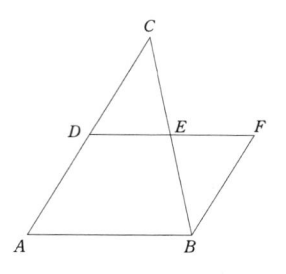

§19. 同底, 同高の平行四辺形と三角形

第 57 図

定理 44 と 45 に定理 43 を附け加えれば直ちに：

定理 46. 同底, 同高の三角形はたがいに補充等積である．

下図が示すごとく, 同底同高の平行四辺形は, したがって定理 43 と 45 により同底同高の三角形はたがいに分解等積なることを容易に証明しうることは周知である．しかしこれは**アルキメデスの公理を用いずには証明することはできない**．

実際任意の非アルキメデス幾何学（例えば第 2 章 §12）

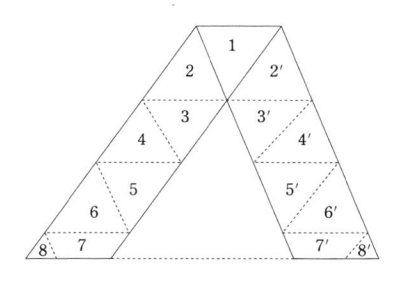

第 58 図

において同底同高を有し，したがって定理46によって補充等積なるにかかわらず分解等積とならぬような三角形を与えることができる．

すなわち一つの非アルキメデス幾何学において一つの半直線の上に線分 $AB=e$ および $AD=a$ をとり，これに対して

$$n \cdot e \geq a$$

となるような整数 n が存在しないとせよ．

線分 AD の両端において長さがそれぞれ e なる垂線 AC および DC' を引け．三角形 ABC と ABC' とは定理46によって補充等積である．定理23から任意の三角形の二辺の和は第三辺よりも大きい．ただし，ここで二辺の和とは第3章で導入した線分算の意味に解すべきである．

したがって $BC<e+e=2e$．さらに連続性を用いずに次の定理を証明することができる：三角形のまったく内部にある線分はその最大辺よりも小である．したがってまた三角形 ABC の内部にある線分はすべて $2e$ よりも小である．

さて三角形 ABC と ABC' とが有限個の，例えばそれぞれ k 個の，一双ずつ合同な三角形に細分されたとせよ．三

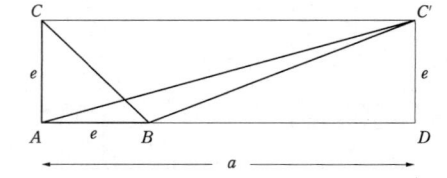

第59図

角形 ABC の細分に用いられた線分は三角形 ABC の内部にあるかあるいはその辺の上にあり，すなわち $2e$ よりも小である．したがって細分三角形の周は $6e$ よりも小である；したがってこれらの細分三角形の周の和は $6k \cdot e$ よりも小である．三角形 ABC と ABC' の細分はその周の和が等しくなければならぬから，したがって三角形 ABC' の分解に用いた細分三角形の周の和もまた $6k \cdot e$ よりも小でなければならない．そしてこの周の和の中には確かに辺 AC' が含まれる，すなわち $AC' < 6k \cdot e$ でなければならない．したがって定理 23 により確かに $a < 6k \cdot e$ となる．これは線分 a と e とについてのわれわれの仮定に反する．したがって三角形 ABC と ABC' とが二つずつ合同な三角形に細分しうるという仮定は一つの矛盾を結果した．

多角形の補充等積に関する初等幾何学の主なる定理，特にピタゴラスの定理は，上に証明した諸定理から容易に導くことができる．なお次の定理を述べよう．

定理 47. 任意の三角形に対し，したがってまた任意の単一多角形に対し，この三角形もしくは多角形と補充等積にして直角をはさむ一辺が 1 なる直角三角形を作ることがつねにできる．

三角形に関しては定理 46, 42 と 43 から容易に証明される．多角形に関しては次のごとくにする．与えられた単一多角形を三角形に細分し，この細分三角形のおのおのに対して，それぞれ直角をはさむ一辺が 1 でありかつこれに補充等積な直角三角形を定める．長さ 1 の辺を共通の高さと

みなして，これらの三角形を合成すれば再び定理 43 と 46 の助けにより定理の結論に到達する．

面積の理論をさらに追究すれば，われわれは一つの本質的な困難に遭遇する．特にわれわれがいままでに考察したことからは，すべての多角形がたがいに補充等積であるか否かを弁別することができない．この問題に対しては上に述べたすべての定理はほとんど無効果かつ無意味に等しい．二つの補充等積な矩形が一辺を共有するとき他の辺もまた一致するか否かということもまたこれに関連する問題である．

さらに詳しく研究してみるとこの問題の解決には定理 46 の逆定理を必要とすることがわかる．

すなわち

定理 48.　二つの補充等積な三角形が底辺を共有すれば，その高さもまた相等しい．

この基礎定理はユークリッド幾何学原本巻一の定理第 39 である；この定理を証明するのにユークリッドは一般の量に関する命題：*Καὶ τὸ ὅλον τοῦ μέρους μεῖζόν ἐστιν.*（全体はその部分よりも大なり）を基礎にとったが，これは補充等積に関する新しい幾何学公理を導入することにほかならない[1]．

---

1)　実際に公理 III₅ を除いて（これは狭義の公理にとる），ここに採用した諸公理 I-IV が全部成立し，しかも定理 48，したがって「全体はその部分よりも大なり」なる命題もまた成立せぬ幾何学を作ることができる（G. Anhang II. S. 152 f.）．

われわれはなんらの新公理を追加することなく，われわれがここで意図した方法で，すなわち平面の公理のみを用い，アルキメデスの公理を用いることなく定理48を，したがって面積の理論を基礎づけることができた．

これを証明するためには，面積測度の概念を必要とする．

§20. 三角形および多角形の面積測度

定義 直線 AB はこの直線上にない平面幾何学の点を二つの点領域に分かつ．この領域の一つを A から出る半直線 AB あるいは**有向線分** AB の**右側**の領域，B から出る半直線 BA あるいは有向線分 BA の**左側**の領域といい；他の領域を半直線 AB の左側，半直線 BA の右側の領域という．B および C が A から出る同一の半直線上にあるとき，同一の領域が二つの有向線分 AB と AC とに関して右にあるという（および逆も成立）．一点 O から出る半直線 g に対して右側の領域がすでに定義されており，かつ O からこの領域内に半直線 h が引かれるとき，半直線 h の分かつ領域のうち g を含む方を h の左側にある領域という．このごとくにして一つの定まった半直線 AB から出発して平面幾何学の任意の半直線あるいは有向線分に関する左右の側を一意に確定しうることがわかる．

三角形 ABC の内部にある点（第26頁）は辺 AB，BC，CA の左にあるか，あるいは CB，BA，AC の左にある．第一の場合に ABC（あるいは BCA，CAB）を三角形の

正の回転方向といい，CBA（あるいは BAC, ACB）を三角形の**負の回転方向**という；第二の場合に CBA および ABC をそれぞれ三角形の正または負の回転方向という．

定義 辺 a, b, c をもつ三角形 ABC において，高さ $h_a = AD$, $h_b = BE$ を作れば，三角形 BCE と ACD の相似なることから定理 41 によって比例

$$a : h_b = b : h_a$$

すなわち

$$ah_a = bh_b$$

が成り立つ．したがって任意の三角形において一つの底辺とこれに下せる高さとの積は，どの辺を底辺にとってもつねに一定である．すなわち底辺と高さとの積の半は三角形 ABC に固有な線分 a である．三角形 ABC において回転方向 ABC が正であるとせよ．正の線分 a（第 104 頁の定義により）を**正の回転方向をもつ三角形 ABC の面積測度**といいこれを $[ABC]$ をもって表わす；負の線分 $-a$ を**負の回転方向をもつ三角形 ABC の面積測度**といいこれを

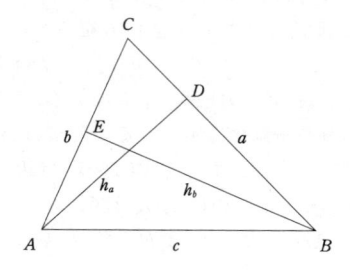

第 60 図

[CBA] をもって表わす．

しかるときは次の簡単な定理が成り立つ：

定理 49. 三角形 ABC の外部に一点 O があるとき，三角形の面積測度に関して次の関係が成立する．
$$[ABC] = [OAB]+[OBC]+[OCA]$$

証明 まず，線分 AO と BC とが一点 D において交わると仮定する．しかるときは面積測度の定義にわれわれの線分算の分配律を援用することから関係

$$[OAB] \quad = \quad [ODB]+[DAB],$$
$$[OBC] = -[OCB] = -[OCD]-[ODB],$$
$$[OCA] \quad = \quad [OCD]+[CAD]$$

をうる．

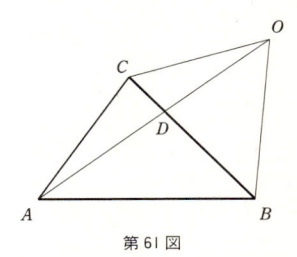

第 61 図

第 104 頁で述べた定理を用いてこれらの等式に現われる線分を加え合せば

$$[OAB]+[OBC]+[OCA] = [DAB]+[CAD],$$

これから再び分配律により，

$$[OAB]+[OBC]+[OCA] = [ABC]$$

が出る．

O の位置について他の可能な場合に対してもこれに対応する方法で定理 49 の主張が証明される.

定理 50. 三角形 ABC が有限個の三角形 $\varDelta_k$ に分かたれるとき, 正の回転方向を有する三角形 ABC の面積測度は, ことごとく正の回転方向にとった三角形 $\varDelta_k$ の面積測度の総和に等しい.

証明 三角形 ABC において ABC を正の回転方向とし, DE を三角形 ABC の中にある線分とし, これに沿って細分三角形 DEF と DEG とが相隣するとせよ. DEF を三角形 DEF の正の回転方向とせよ; しからば GED が三角形 GED の正の回転方向となる. いま三角形 ABC の外部に一点 O を選べば, 定理 49 によって次の関係が成り立つ.

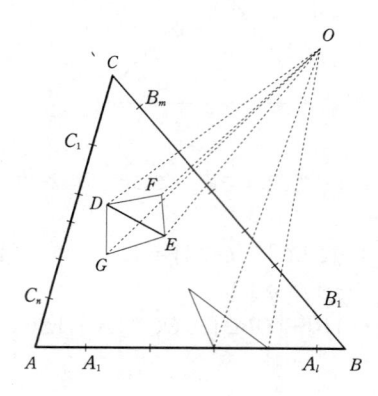

第 62 図

$$[DEF] = [ODE]+[OEF]+[OFD]$$
$$[GED] = [OGE]+[OED]+[ODG]$$
$$= [OGE]-[ODE]+[ODG].$$

この二つの線分の等式を加え合せれば，右辺において面積測度 $[ODE]$ が消失する．三角形 ABC を細分する場合に用いた各辺上の分点をその順序をも含めて $A, A_1, \cdots, A_l, B, B_1, \cdots, B_m, C, C_1, \cdots, C_n$ をもって表わし，すべての正の回転方向をもつ三角形 $\varDelta_k$ の面積測度の総和を単に $\varSigma$ をもって表わせば，すべての線分等式を加え合すことによって

$$\varSigma = [OAA_1]+\cdots+[OA_lB]$$
$$+[OBB_1]+\cdots+[OB_mC]$$
$$+[OCC_1]+\cdots+[OC_nA]$$
$$= [OAB]+[OBC]+[OCA],$$

したがって定理 49 により

$$\varSigma = [ABC].$$

定義 正の回転方向を有する単一多角形の面積測度 $[P]$ を，この多角形を三角形に分解し正の回転方向をもつすべての細分三角形の面積測度の総和として定義すれば，定理 50 に基づき，§18 で定理 43 を証明したのと同じ論法によって，面積測度 $[P]$ は三角形細分の仕方には無関係であり，したがって多角形のみによって一意に確定することがわかる．

この定義と定理 50 の助けにより，「分解等積なる多角形は同一の面積測度を有する」ことがわかる（以下面積測度

とはつねに正の回転方向に対するものを意味する）．

さらに P と Q を補充等積なる多角形とすれば，定義から二つずつ分解等積な多角形 $P', Q'; \cdots; P'', Q''$ が存在して，$P, P', \cdots, P''$ から合成された多角形 $P+P'+\cdots+P''$ が $Q, Q', \cdots, Q''$ から合成された多角形 $Q+Q'+\cdots+Q''$ に分解等積となる．等式

$$[P+P'+\cdots+P''] = [Q+Q'+\cdots+Q'']$$
$$[P'] = [Q']$$
$$\vdots$$
$$[P''] = [Q'']$$

から容易に

$$[P] = [Q]$$

が結論される，すなわち**補充等積なる多角形は同一の面積測度を有する**．

§21. 補充等積性と面積測度

前の §20 においてわれわれは補充等積なる多角形はつねに同一の面積測度を有することを見出した．この事柄から直ちに定理 48 の証明がわかる．すなわち二つの三角形の相等しい底を g をもって表わし，これに対応する高さをそれぞれ h および h' とすれば両三角形が補充等積なる仮定から，これは相等しい面積測度を持たねばならない，すなわち

$$\frac{1}{2}gh = \frac{1}{2}gh',$$

したがって $\frac{1}{2}g$ で割ることにより
$$h = h';$$
これは定理 48 の主張するところである.

さらに §20 の終りに述べた定理の逆が成り立つ. いかにも, P および Q を相等しい面積測度をもつ多角形とせよ. しからば定理 47 により次の性質をもつ二つの直角三角形 $\varDelta$ と E とを作る：すなわち各三角形の直角をはさむ一辺が 1 で, かつ三角形 $\varDelta$ は多角形 P に, 三角形 E は多角形 Q にそれぞれ補充等積である. P と Q の面積測度は相等しいから, $\varDelta$ と E もまた相等しい面積測度を有する. さてこれらの直角三角形の直角をはさむ一辺が一致するから, 他の一辺もまた一致せねばならぬ, すなわち三角形 $\varDelta$ と E とはたがいに合同である, したがって定理 43 により両多角形 P と Q とはたがいに補充等積である.

本節と前節とにおいて見出したことを次の定理にまとめる：

定理 51. **二つの補充等積なる多角形はつねに相等しい面積測度を有し, また相等しい面積測度をもつ二つの多角形はつねにたがいに補充等積である.**

特に一辺を共有する補充等積なる二つの矩形は他の辺においても一致しなければならぬ. また次の定理が導かれる：

定理 52. 一つの矩形を直線によって多くの三角形に分かちその三角形のただ一つを除いても, 残余の三角形をもってこの矩形を満すことはもはや決してできない.

デ・ツォルト[1] およびシュトルツ[2] はこの定理を公理としてとり，またシューア[3] とキリング[4] はこれをアルキメデスの公理の助けによって証明した．

上に述べたことで**この定理はアルキメデスの公理にまったく無関係に成立する**ことが証明されたのである．

定理 48, 50, 51 を証明するためにわれわれは主として第 3 章 §15 において導入した線分算を利用した．そしてこの線分算は主としてパスカルの定理（定理 40）に，むしろその定理の特殊な場合（第 91 頁）に基づいているから，パスカルの定理は面積の理論に対して最も重要な基礎たることが明らかとなった．

また逆に定理 46 と 48 からパスカルの定理を容易に証明することができる．いかにも，直線 CB' と $C'B$ との平行なることから定理 46 により三角形 OBB' と OCC' とが補充等積になる；同様にして直線 CA' と AC' との平行なことから，三角形 OAA' と OCC' とが補充等積となる．これからまた三角形 OAA' と OBB' がまたたがいに補充等積となるから，定理 48 から，BA' が AB' に平行でなければ

---

1) de Zolt : *Principii della eguaglianza di poligoni preceduti da alcuni critici sulla teoria della equivalenza geometrica.* Milano, Briola (1881) および *Principii della eguaglianza di poliedri e di poligoni sferici.* Milano, Briola (1883).

2) O. Stolz, *Monatshefte für Math. u. Phys.* Jahrgang 5 (1894).

3) F. Schur, *Sitzungsber. d. Dorpater Naturf. Ges.* (1892).

4) W. Killing, *Grundlagen der Geometrie*, Bd. 2, Abschnitt 5, (1898).

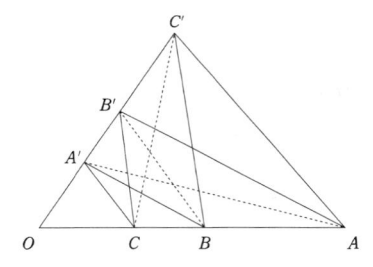

第63図

ならぬ．

さらに一つの多角形のまったく内部にある多角形はつねに前者よりもその面積測度が小であり，したがって定理51によって決して前者と補充等積とはなりえぬことが容易にわかる．これは定理52を特殊な場合として含んでいる．

以上でわれわれは平面における面積の理論の主なる諸定理を基礎づけた．

空間におけるこれに対応する問題に対してはガウス(Gauss)がすでに数学者の注意をうながした．著者は空間における体積の理論を平面面積論のごとく基礎づけるのは不可能であるという予想を発表し，かつ次の確定問題[1]を呈出した：すなわち相等しい底面と相等しい高さとを有する二つの多面体を作り，しかもこれらは合同な四面体に細分することも，また合同な四面体を付け加えて合同四面体に細分可能な多面体に補充変形をなすことも，ともに不可

---

1) 著者の講演「数学の諸問題」問題3（ヒルベルト全集第3巻）を見よ．

能なるごとくせよ．

デーン[1]は実際にこの証明に成功した；デーンは厳密な方法により，上述の平面面積に対するごとくには体積の理論を基礎づけえられないことを証明した．

したがって空間における類似の問題を論ずるには，例えばカヴァリエリ（Cavalieri）の原理のごとき，他の補助手段を取り入れなければなるまい[2]．

ジュース（Süß）[3]はこの意味において空間における体積の理論を基礎づけた．ジュースは二つの多面体が相等しい高さと補充等積な底面を有するときカヴァリエリ式に相等しと名づけ，さらに二つの多面体が有限個の二つずつカヴァリエリ式に相等しい四面体に分解されるとき，カヴァリエリ式に分解等積といい，最後に二つの多面体がそれぞれカヴァリエリ式に分解等積な多面体の差として表わされるときに，カヴァリエリ式に補充等積と名づける．連続の公理を用いることなしに体積測度の相等しいこととカヴァリエリ式に補充等積なることとが同値概念であることが証明

---

1) Dehn, Über, raumgleiche Polyeder, *Göttinger Nachr.* (1900) および Über den Rauminhalt, *Math. Ann.* 55 (1902)；さらに Kagan, *Math. Ann.* 57 を参照せよ．
2) 定理51の前半および定理48および52が空間において類似に成り立つ；例えば Schatunowsky, *Math. Ann.* 57 を見よ．Dehn は *Math. Ann.* 60 において平面面積の理論を平行の公理を用いず合同の公理のみによって証明した．さらに Finzel, *Math. Ann.* 72 を見よ．
3) W. Süß: Begründung der Lehre vom Polyederinhalt, *Math. Ann.* 82.

できるが，相等しい体積測度を有する多面体がカヴァリエリ式に分解等積なることはアルキメデスの公理を援用することによってのみ証明しえられることが確かめられた．

第5章 デザルグの定理

§22. デザルグの定理とその合同公理による平面における証明

第1章で掲げた諸公理のうちで群 II-V に属するものは一部は直線的,他は平面的の公理であって,群 I の公理 4-8 のみが立体の公理である.これらの立体公理の意義を明らかにするために,任意の「平面」幾何学が与えられたと考え,この平面幾何学がここにおいて仮定した平面公理のほかにさらに立体の結合公理 I_{4-8} のすべてを満足する一つの立体幾何学の部分とみなしうるための条件を一般的に研究する.

本章と次章とにおいては全般的に合同公理を仮定しない.したがって平行の公理 IV (第52頁) はここでやや狭義に述べておかなければならない:

IV* (狭義の平行の公理) a を任意の一直線, A をこの上にない点とせよ;しかるときは a と A との定める平面上で, A を通り a に交わらない直線は「ただ一つ」に限って存在する.

公理群 I-II, IV* を基礎においていわゆるデザルグの定

理を証明しうることは周知のことである；デザルグの定理は平面交点定理の一つである．われわれは両三角形の対応辺の交点がその上にあるべき直線を，いわゆる「無限遠直線」と呼んで特別視するときに成り立つ定理およびその逆をも単にデザルグの定理ということにする，すなわち

定理 53. （デザルグの定理）同一平面上にある二つの三角形において対応辺がそれぞれ平行ならば，対応頂点の連結直線は一点を通るかあるいはたがいに平行である．また逆に：同一平面上にある二つの三角形の対応頂点の連結直線が一点に会するか，あるいはたがいに平行であり，かつ三角形の二双の対応辺がそれぞれ平行ならば，両三角形の第三辺もまたたがいに平行である．

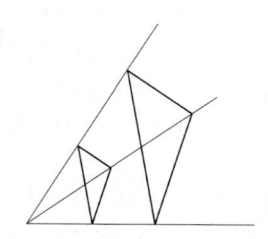

第 64 図

すでに述べたごとく，デザルグの定理は公理 I，II，IV* から証明される；したがって平面幾何学においてデザルグの定理の成立することは，とにかく，この幾何学を群 I，II，IV* に属するすべての公理が満足される立体幾何学の一部とみなしうるための一つの必要条件である．

さて，第 3 章と第 4 章におけるごとく，公理 I_{1-3} および

II-IV の成り立つ平面幾何学を仮定し，その幾何学に§15 によって線分算が導入されたと仮定する；しからば§17 で述べたごとく，平面上の任意の点には線分の組 (x, y) を対応せしめ，任意の直線には，u, v が同時にはゼロでない三線分の比 $(u:v:w)$ を対応せしめ，一次方程式

$$ux + vy + w = 0$$

が点と直線とが結合の位置にあるための条件を表わすようにすることができる．

われわれの幾何学におけるすべての線分の集合は§17 によって一つの数領域をなし，これに対して§13 で列挙した性質 1-16 が成立する．したがってわれわれは§9 または§12 において数系 Ω あるいは $\Omega(t)$ を用いてしたように，この数領域を用いて一つの立体幾何学を作ることができる；この目的のために次のごとく定める．すなわち三つの線分の組 (x, y, z) が一点を表わし，u, v, w が同時にはゼロとならぬ四線分の比 $(u:v:w:r)$ が一平面を表わすとする，また直線は二平面の交わりとして定義する；ここでは一次方程式

$$ux + vy + wz + r = 0$$

は点 (x, y, z) が平面 $(u:v:w:r)$ の上にあることを表わす．

最後に一直線上の点の順序，一平面上にある一直線に関する点の順序，および空間にある一平面に関する点の順序は，§9 において平面に対してなしたのと同様に，線分の不等式をもってこれを定める．

$z=0$ なる値を代入すれば再び初めの平面幾何学がえられるから，われわれの平面幾何学は立体幾何学の一部とみなしうることがわかる．これに対して，前述のごとくデザルグの定理の成立することは必要条件である，したがってここに考えた平面幾何学においてもデザルグの定理が成立しなければならない．すなわちデザルグの定理は公理 I_{1-3}, II-IV からの一つの結論である．

デザルグの定理は比例論における定理 42 から，あるいは定理 61 から直接にも証明しうることを注意しておく．

§23. 平面において合同公理なしにデザルグの定理は証明不可能

平面幾何学において合同公理によることなしにデザルグの定理を証明しうるかという問題を研究してわれわれは次の結果に到達した：

定理 54. 公理 I_{1-3}, II, III_{1-4}, IV^*, V, すなわち合同公理 III_5 を除くすべての直線公理および平面公理が成立し，デザルグの定理（定理 53）が成立しない平面幾何学が存在する．したがってデザルグの定理はここにとった公理のみからは結論不可能である；この定理を証明するには空間の諸公理，もしくは三角形の合同に関する公理 III_5 を必要とする．

証明[1] 常用の平面デカルト幾何学の成立可能なることは第 2 章 §9 においてわかった通りであるが，その幾何学における直線および角の定義を次のごとくに変形する．デ

カルト幾何学の任意の一直線をとりこれを軸とする．この軸の上で正および負の方向を区別し，またこの軸に関して正および負の半平面を区別する．

いまわれわれが考える新幾何学の直線とは次のものをいうこととする．軸およびこれに平行なデカルト幾何学のすべての直線，正の半平面にある半直線が軸の正の方向と直角または鈍角で交わるすべての直線，そして最後に次の性質を有する半直線 h, k の組全部；すなわち h と k との共通の頂点が軸の上にあり，正の半平面にある半直線 h が軸の正の方向と鋭角 α で交わり，かつ負の半平面にある半直線 k の延長 k' が軸の正の方向となす角を β とするとき，デカルト幾何学において関係

$$\frac{\tan \beta}{\tan \alpha} = 2$$

が成立するもの．

点の順序，および線分の長さはデカルト幾何学において二つの半直線の組として表わされる直線の上においても普通の通りに定義する．しからばかくのごとく定義した幾何学において公理 I_{1-3}, II, III_{1-3}, IV^* が成り立つことが容易にわかる．例えば一点を通る直線束によって平面が一重に被覆されることはすぐわかることである．なお公理 V

---

1) 本書の前諸版においてここで述べた最初の「非デザルグ幾何学」の代わりに，やや簡単なモールトンに基づく非デザルグ幾何学を説明する．F. R. Moulton, A simple non-desarguesian plane geometry, *Trans. Amer. Math. Soc.* (1902) を参照せよ．

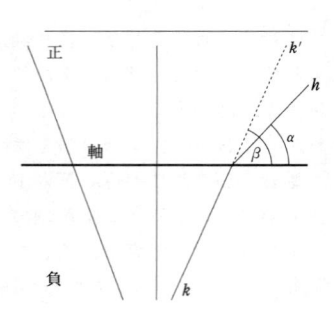

第65図

もまた成り立つ．

そのいずれの辺も軸を越えて正の半平面に出たとき軸の正の方向と鋭角をなさぬすべての角については，デカルト幾何学の常用の方法でその角の大きさを測る．これに反して，角 ω の少くとも一辺が上述の性質の半直線 h ならば，新幾何学における角 ω の大きさとして，h の代わりにこれ

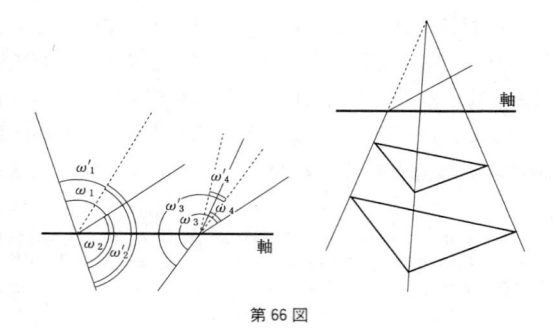

第66図

に対応する半直線 k'(第65図)を辺にもつ角 ω' の常用の大きさをもって定義する.

前図は補角の二つの組についてこの定義の仕方を示す.われわれの角の定義に基づくとき公理 III_4 もまた成立する；特に任意の角 $\angle(l, m)$ について

$$\angle(l, m) \equiv \angle(m, l).$$

しかし,前図の右が示すごとく,しかも計算によっても容易に確かめることができるが,**新平面幾何学においてはデザルグの定理が成立しない**.

さらに,同様にしてパスカルの定理の成立しない図を画くこともまた容易である.

ここに述べた平面「非デザルグ」幾何学はまた公理 I_{1-3}, II, III_{1-4}, IV*, V が成り立つにかかわらず立体幾何学の一部とみなすことのできない平面幾何学の一つの実例となる[1].

§24. 合同公理によらざるデザルグの定理に基づく線分算の導入[2]

デザルグの定理(定理53)の意義を完全に識るために,

---

1) モールマンはさらに興味ある非デザルグ線系の諸例を与えた. H. Mohrmann, *Festschrift David Hilbert*, Berlin 1922, S. 181.
2) 射影幾何学的に線分線を導入することをヘッセンベルグがその論文 Hessenberg: Über einen geometrischen Kalkül, *Acta Math.* 29 (1904) において与えた. デザルグの定理に基づいてベクトルの加法を最初に展開すれば,線分線の導入は大部分容易にできる. Hölder: *Streckenrechnung und projektive Geometrie*,

公理 I_{1-3}, II, IV*[1]，すなわち合同公理および連続公理以外のすべての直線公理および平面公理を満足する平面幾何学を基礎におき，この幾何学において「合同公理に独立に」新しい線分算を次の方法によって導入する：

平面上において点 O で交わる二つの定直線をとり，以下においては始点が O で終点はこの二直線上の任意の点なるごとき線分の演算のみを考える．また一点 O だけを考えこれを線分 0 という，記号で

$$OO = 0 \quad \text{または} \quad 0 = OO.$$

E および E' を O を通る二つの定直線上に一つずつある定点とせよ；しかるとき線分 OE と OE' を線分 1 とする．記号で

$$OE = OE' = 1 \quad \text{または} \quad 1 = OE = OE'.$$

直線 EE' を単位直線と略称する．さらに A および A'

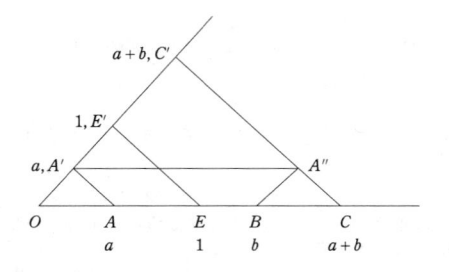

第 67 図

Leipz. Berichte. 1911 を参照せよ．
1) 平行公理 IV* なしにもまた新線分算を導入することができた．

§24. 合同公理によらざるデザルグの定理に基づく線分算の導入

をそれぞれ直線 OE および OE' 上にある点とし，連結直線 AA' が EE' に平行なるとき，線分 OA と OA' とはたがいに相等しいという．記号で

$$OA = OA' \quad \text{または} \quad OA' = OA.$$

まず OE の上にある線分 $a=OA$ と $b=OB$ との和を定義するために，単位直線 EE' に平行に AA' を作り，かつ A' を通り OE に平行線，および B を通り OE' に平行線を引けば，この二つの平行線は一点 A'' において交わる．最後に A'' を通り単位直線 EE' に平行線を引き，定直線 OE および OE' とそれぞれ C および C' において交わらしめる：しかるとき $c=OC=OC'$ を線分 $a=OA$ と線分 $b=OB$ の和という．記号で

$$c = a+b \quad \text{または} \quad a+b = c.$$

まず，デザルグの定理（定理53）の成立を仮定すれば，二線分の和はさらに一般的な方法で定義できる；すなわち点 A, B のある直線上に和 $a+b$ を与える点 C は基礎にとった単位直線 EE' のとり方には無関係である，すなわち次の作図法によっても同じ点 C をうる：

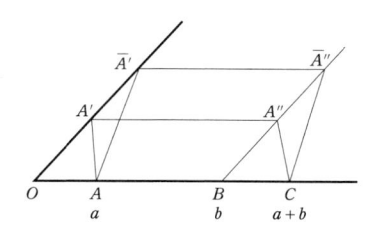

第68図

直線 OA' の上に任意の点 $\overline{A}'$ をとり，B を通り $O\overline{A}'$ に平行線を引き，$\overline{A}'$ を通り OB に平行線を引く．この二つの直線は一点 $\overline{A}''$ において交わる．しかるとき $\overline{A}''$ を通り $A\overline{A}'$ に平行な直線は直線 OA と和 $a+b$ を定める点 C において交わる．

これを証明するために，点 A' と A'' および $\overline{A}'$ と $\overline{A}''$ はそれぞれ上述のごとくにして求められ，また点 C が CA'' が AA' に平行となるように直線 CA 上に定められたと仮定する．しかるときは $C\overline{A}''$ もまた $A\overline{A}'$ に平行なることを証明できる．三角形 $AA'\overline{A}'$ と $CA''\overline{A}''$ とにおいて対応する頂点の連結直線が平行であり，かつ二組の対応辺すなわち $A'\overline{A}'$ と $A''\overline{A}''$ および AA' と CA'' が平行であるから，したがってデザルグの定理の後半の主張により第三辺 $A\overline{A}'$ と $C\overline{A}''$ もまたたがいに平行である．

線分 $a=OA$ を線分 $b=OB$ に掛けた積を定義するには §15 において述べた作図をそのまま用いる．ただ直角の二辺の代わりにここでは二つの定直線 OE と OE' が現われる．したがって作図は次のようになる：OE' 上に AA' が

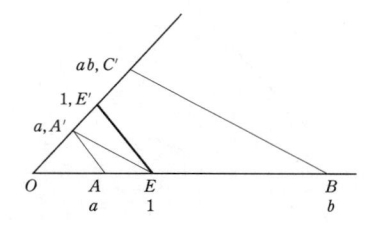

第 69 図

単位直線 EE' に平行なるごとく点 A' を定める．E と A' とを結び，B を通り EA' に平行線を引き定直線 OE' と一点 C' において交わらしめる．しかるとき $c=OC'$ を線分 $a=OA$ を線分 $b=OB$ に掛けた積という．記号で
$$c = ab \quad \text{または} \quad ab = c.$$

§25. 新線分算における加法の交換律と結合律

われわれの導入した新線分算に対し §13 に挙げた結合の定理が全部成り立つことは容易に知ることができる；いま公理 I_{1-3}, II, IV* を満足し，しかのみならず**デザルグの定理が成立する**平面幾何学を基礎におくとき，前述の線分算の演算法則のうちのいかなるものがわれわれの新線分算において成立するかを研究する．

まず §24 で定義した線分の加法に対して「交換律」
$$a+b = b+a$$
が成り立つことを証明する．
$$a = OA = OA',$$
$$b = OB = OB'$$
とせよ，ここで定義により相対応する線分 AA' と BB' とは単位直線に平行である．いま $A'A''$ と $B'B''$ を OA に平行に引き，また AB'' と BA'' を OA' に平行に引いて点 A'' と B'' を作る．しかるときは A'', B'' の連結直線は AA' に平行である．この主張の正しいことはデザルグの定理（定理 53）に基づいて次のごとくにしてわかる：AB'' と $A'A''$ との交点を F，また BA'' と $B'B''$ との交点を D

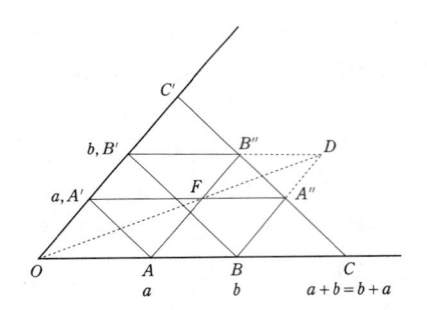

第 70 図

とする；しかるときは三角形 $AA'F$ と $BB'D$ において対応する辺がたがいに平行である．デザルグの定理により，これから三点 O, F, D が一直線上にあることが結論される．したがって三角形 OAA' と $DB''A''$ は対応頂点の連結線が同一の点 F を通ることとなる，そしてさらに二組の対応辺，すなわち OA と DB'' および OA' と DA'' がたがいに平行であるから，デザルグの定理（定理 53）の後半の主張するところにより，第三辺 AA' と $B''A''$ もまたたがいに平行である．

同時にこの証明から，二つの線分の和を作る場合に二つの定直線のいずれより出発しても差支えないことがわかる．

さらに加法の「結合律」
$$a+(b+c) = (a+b)+c$$
が成り立つ．

直線 OE 上に三つの線分

§25. 新線分算における加法の交換律と結合律

$$a = OA, \quad b = OB, \quad c = OC$$

が与えられたとせよ．前節で述べた加法の一般的作図法に基づき和

$$a+b = OG, \quad b+c = OB', \quad (a+b)+c = OG'$$

を次のごとくに作ることができる：直線 OE' の上に任意に一点 D をとり，それを A および B と連結する．D を通る OA への平行線が，B および C を通る OD への平行線とそれぞれ F および D' において交わるとする．しかるときは F を通り AD に，また D' を通り BD に平行に引いた直線は直線 OA とそれぞれ上述の点 G および B' において交わり，かつ D' を通り GD に平行に引いた直線はさらに直線 OA と上述の点 G' において交わる．まず B' を通り OD に平行線を引き直線 DD' と一点 F' において交わらしめ，さらに F' を通り AD に平行線を引くことによってついに和 $a+(b+c)$ がえられる．したがって $G'F'$ が AD に平行なることが証明できればよろしい．いま直線 BF と GD との交点を H，直線 $B'F'$ と $G'D'$ との交点を H' とすれば，三角形 BDH と $B'D'H'$ とにおいて対応する辺がたがいに平行である；そして直線 BB' と DD' がた

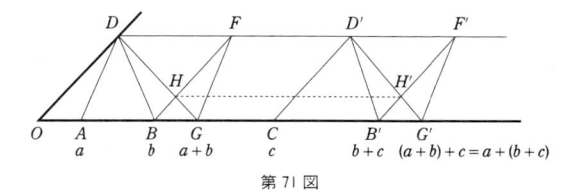

第71図

がいに平行であるから，デザルグの定理によって直線 HH' もまたこの二直線に平行である．したがってデザルグの定理の後半を三角形 GFH と $G'F'H'$ とに適用することができる，これから $G'F'$ が GF に，したがって実際に $G'F'$ が AD に平行なることがわかる．

§26. 新線分算における乗法の結合律と二つの分配律

われわれの採用した仮定のもとに線分の乗法に対してもまた「結合律」

$$a(bc) = (ab)c$$

が成り立つ．

O を通る二定直線の一方の上に線分

$$1 = OA, \quad b = OC, \quad c = OA'$$

を，他の一方の直線の上に線分

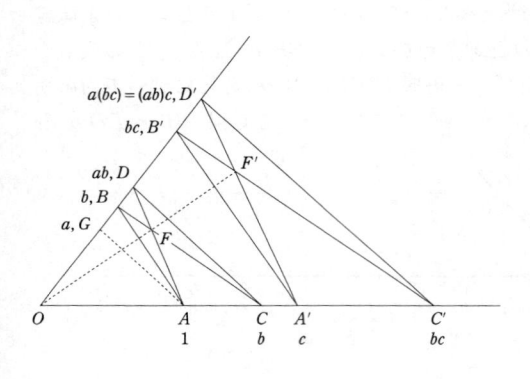

$$a = OG \quad と \quad b = OB$$

第72図

が与えられたとする．

§24の規則にしたがって順次に線分
$$bc = OB' \quad \text{と} \quad bc = OC',$$
$$ab = OD$$
$$(ab)c = OD'$$
を作るために，$A'B'$ を AB に平行に，$B'C'$ を BC に，CD を AG に，および $A'D'$ を AD に平行に引く；容易にわかるごとく，われわれの主張せんとするところは CD が $C'D'$ に平行となることを言うにほかならない．

いま直線 AD と BC との交点を F，直線 $A'D'$ と $B'C'$ との交点を F' とすれば，三角形 ABF と $A'B'F'$ とにおいて対応辺がたがいに平行である；したがってデザルグの定理によって三点 O, F, F' が一直線上にある．したがってデザルグの定理の後半を三角形 CDF と $C'D'F'$ とに適用することができる，そしてこれから実際に CD が $C'D'$ に平行なることがわかる．

最後にわれわれはデザルグの定理に基づいてわれわれの線分算において二つの分配律
$$a(b+c) = ab+ac$$
および
$$(b+c)a = ba+ca$$
を証明する．

「第一分配律」
$$a(b+c) = ab+ac$$
を証明するために，二つの定直線の一方の上に線分

$$1 = OE, \quad b = OB, \quad c = OC$$

が，他方の上に線分

$$a = OA$$

が与えられたと仮定する．

B および C を通り直線 EA に平行に引いた直線を直線 OA とそれぞれ点 D および F で交わらしめる．しかるときは §24 の乗法の定義に基づいて

$$OD = ab, \quad OF = ac$$

である．

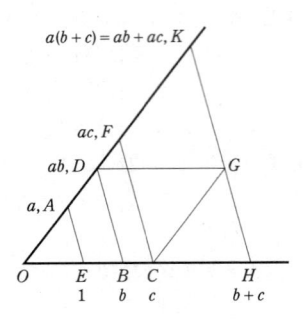

第 73 図

C を通り OD に平行線を，D を通り OC に平行線を引き，さらに両者の交点 G を通り BD に平行線を引き，OC と点 H，OD と点 K において交わらしめれば，§24 における加法の一般的定義から和

$$OH = b + c$$

をうる．$OH = b+c$ だから，乗法の定義に基づいて

$$OK = a(b+c)$$

§26. 新線分算における乗法の結合律と二つの分配律

が成り立つ．

加法の一般的定義と和を作る場合に定直線 OE, OE' の交換可能なること（第140頁）から和 $ac+ab$ を次のごとくにして作ることができる：直線 OE 上の任意の点，例えば C を通って OD に平行線 CG を引き，さらに D を通り OC に平行線 DG を引き，最後に G を通り CF に平行線 GK を引く．

しかるときは

$$OK = ac+ab$$

が成り立つ．そしてこれから加法の交換律の助けにより第一分配律が導かれる．

最後に「第二分配律」を証明するために，二つの定直線の一方の上に線分

$$1 = OE, \quad a = OA$$

が，他方の上に線分

$$b = OB, \quad c = OC$$

が与えられたと仮定する．

EB への平行線 AB'，および EC への平行線 AC' によって線分

$$OB' = ba, \quad OC' = ca$$

が定められる．再び定直線 OB 上に加法の一般的定義にしたがい線分

$$OF = b+c, \quad OF' = ba+ca$$

を次のように作る．C を通り OE に平行線を，また E を通り OC に平行線を引く．この交点を D とし，この点を通

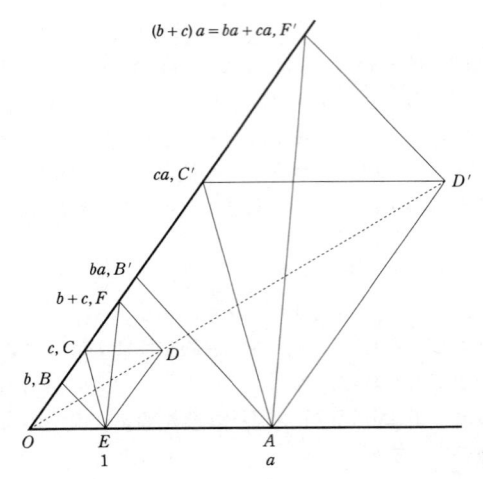

第74図

り EB に平行線を引き OB と上述の点 F で交わらしめる．同様にして A を通り OC' に平行線を，また C' を通り OA に平行線を引く．この交点を D' とし，これを通り AB' に平行線を引き OB と上述の点 F' において交わらしめる．

AF' が EF に平行なることがわかれば，乗法の定義により，第二分配律が証明される．

三角形 ECD と $AC'D'$ において対応辺がたがいに平行である；したがってデザルグの定理によって三点 O, D, D' が一直線上にある．したがってデザルグの定理の後半を三角形 EDF と $AD'F'$ に適用することができて，実際

に AF' が EF に平行なることがわかる．

§27. 新線分算に基づく直線の方程式

§24 から §26 までわれわれは §24 に掲げた公理と平面におけるデザルグの公理の成立とを仮定して線分算を導入したが，この算法においては §13 で挙げた結合定理のほかに，加法の交換律，加法および乗法の結合律，および二種の分配律が成立する．乗法の交換律が必ずしも成立するを要しないことは，§33 においてわかることとなろう．本節においてわれわれはこの線分算に基づいて平面における点および直線を解析的に表示する方法を示そうと思う．

定義 平面上において一点 O を通る二定直線を X 軸および Y 軸とし P を平面上の任意の点とするとき，P を通り両軸に平行線を引いてそれぞれ X 軸および Y 軸上にえられる線分 x, y をもって P 点を定めることとする．これらの線分 x, y を点 P の**座標**という．

新線分算に基づきデザルグの定理の助けによりわれわれは次の事柄に到達する：

定理 55. 任意の一直線上にある点の座標 x, y はつねに
$$ax + by + c = 0$$
なる形の線分方程式を満足する；この方程式において線分 a, b は座標 x, y の左側に書かれることを必要とし；線分 a, b は決して同時にはゼロとなることなく，かつ c は任意の線分である．

逆に，上のごとき性質を有する任意の一次方程式はつね

に線分算の基礎にある平面幾何学の直線を表わす.

証明 Y 軸またはこれに平行な直線上の任意の点 P の横座標 x はその直線上における点 P のとり方には関係しない,すなわちこのごとき直線は

$$x = \bar{c}$$

なる形で表わされる.$\bar{c}$ に対し

$$\bar{c} + c = 0$$

となる線分 c が存在するから,したがって

$$x + c = 0$$

が成り立つ.

これが求める方程式である.

いま l を Y 軸を一点 S において切る直線とせよ.この直線上の任意の点 P を通って Y 軸に平行線を引き X 軸と一点 Q において交わらしめる.線分 $OQ=x$ は P の横座標である.Q を通り l に平行な直線が Y 軸から線分

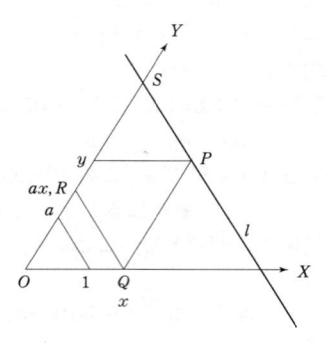

第 75 図

§27. 新線分算に基づく直線の方程式

OR を切るとすれば,乗法の定義によって
$$OR = ax$$
が成立する,ここに a は l の位置のみに従属して定まり,l 上の点 P のとり方には無関係なる線分である.P の縦座標を y とせよ.第 137 頁ないし 138 頁で述べた和の拡張された定義と,第 140 頁で証明したごとく,Y 軸から出発して和を作りうることから,線分 OS は和 $ax+y$ を与える.線分 $OS=\bar{c}$ は l の位置のみによって定まる線分である.

方程式 $\qquad ax+y = \bar{c}$
から $\qquad ax+y+c = 0$
が導かれる,ここに c はまた方程式 $\bar{c}+c=0$ から定められる線分である.この最後の方程式が求むるものである.

また l の上にない点の座標がこの方程式を満足しないことも容易にわかる.

定理 55 の後半の成立することも同じく容易に証明できる.すなわち線分方程式
$$a'x+b'y+c' = 0$$
が与えられたとし,a', b' は同時にはゼロとならぬとする.しかるときは $b'=0$ なる場合には関係 $aa'=1$ から定まる線分 a を方程式の左側から掛け,また $b'\neq 0$ なる場合には関係 $bb'=1$ から定まる線分 b を掛ける.しかるときは線分算の演算法則に基づいて,すぐ前に出した線分方程式をうる,したがって基礎にとった平面幾何学においてこの方程式を満足する直線を容易に作図することができる.

なおわれわれがとった仮定の下では線分 a, b が座標 x,

y の「右側」に書いてある方程式
$$xa+yb+c = 0$$
は「一般には直線を表わさぬ」ことを特に注意しなければならぬ．

§30 において定理 55 の一つの重要な応用を述べよう．

§28. 複素数系とみなした線分の全体

§24 において基礎づけた新線分算に対して §13 の定理 1-6 が満足されることはすでに述べた．

さらに §25 と §26 においてデザルグの定理の助けによってこの線分算に対し §13 における演算法則 7-11 が成立することを知った；したがって乗法の交換律を除く結合の定理および演算法則の定理のすべてが成立する．

最後に線分の順序を考察しうるために，次のごとくに定める：A, B を直線 OE 上の二つの相異なる点とせよ；しかるときは定理 5 によって四点 O, E, A, B に順序を与え E を O の後にあらしめることができる．この順序において B がまた A の後にあるとき，線分 $a=OA$ は線分 $b=OB$ よりも小であるという，記号で
$$a < b;$$
これに反し同じ順序において A が B の後にあるとき，線分 $a=OA$ は線分 $b=OB$ よりも大であるという，記号で
$$a > b.$$

しからば公理 II に基づきわれわれの線分算においては §13 における演算法則 13-16 が満足されることが容易にわ

かる．したがってすべての相異なる線分の集合は§13 における法則 1-11, 13-16，すなわち**乗法の交換律と連続の諸定理を除くすべての規則が成立する**一つの複素数系を構成する．この数系をわれわれは今後**デザルグ数系**と略称する．

§29. デザルグ数系を用いる立体幾何学の構成

任意のデザルグ数系 D が与えられたとせよ；**この数系はわれわれに公理 I, II, IV* がすべて満足される一つの立体幾何学を構成することを可能ならしめる．**

これを確かめるために，デザルグ数系 D の任意の三数の組 (x,y,z) を一点と考え，また D における任意の四数の組 $(u:v:w:r)$ においてその最初の三数が同時にはゼロとならぬものを一つの平面と考え；なお a を D におけるゼロならざる任意の数とするとき，組 $(u:v:w:r)$ と $(au:av:aw:ar)$ とは同一の平面を表わすものと定める．方程式
$$ux+vy+wz+r = 0$$
が成り立つことは点 (x,y,z) が平面 $(u:v:w:r)$ の上にあることを表わすものとする．最後に直線は二つの平面 $(u':v':w':r')$ と $(u'':v'':w'':r'')$ の組で定義する，ただしこの場合に
$$au' = u'', \quad av' = v'', \quad aw' = w''$$
を同時に満足せしめるゼロならざる数 a が D 内に存在しないとする．点 (x,y,z) が二平面 $(u':v':w':r')$ と

$(u'' : v'' : w'' : r'')$ とに共通なるとき,その点は直線
$$[(u' : v' : w' : r'),\ (u'' : v'' : w'' : r'')]$$
の上にあるという.二点以上の点を共有する二直線は同一の直線である.

仮定により D の数に対して成立する §13 の演算法則 1-11 を適用すれば,ここに構成した立体幾何学において公理 I および IV* がすべて成り立つことを困難なく証明することができる.すなわち

順序の公理 II もまた成立することを示すためにわれわれは次の定義を設ける.
$$(x_1, y_1, z_1),\quad (x_2, y_2, z_2),\quad (x_3, y_3, z_3)$$
を一直線
$$[(u' : v' : w' : r'),\ (u'' : v'' : w'' : r'')]$$
に属する任意の三点とするとき,次の六組の不等式

(1)　　$x_1 < x_2 < x_3,\qquad x_1 > x_2 > x_3,$

(2)　　$y_1 < y_2 < y_3,\qquad y_1 > y_2 > y_3,$

(3)　　$z_1 < z_2 < z_3,\qquad z_1 > z_2 > z_3$

のうちの少くとも一つが満足されるとき,点 (x_2, y_2, z_2) が他の二点の間にあるという.さて二重不等式 (1) のうちの一つが成立すれば,$y_1 = y_2 = y_3$ なるか,あるいは二重不等式 (2) のうちの一つが成り立たねばならない,したがって $z_1 = z_2 = z_3$ なるか,あるいは二重不等式 (3) のうちの一つが成り立たねばならないことが容易にわかる.実際に,方程式

$$u'x_i+v'y_i+w'z_i+r'=0$$
$$u''x_i+v''y_i+w''z_i+r''=0$$
$$(i=1,2,3)$$

にそれぞれ D の適当なゼロでない数を左から掛け，辺々加え合すことにより，これから

(4) $$u'''x_i+v'''y_i+r'''=0$$
$$(i=1,2,3)$$

なる形の連立方程式を導くことができる．ここにおいて係数 v''' は確かにゼロではない．もしゼロとすれば三つの数 x_1, x_2, x_3 が相等しくなるはずである．$u'''=0$ ならば

$$y_1=y_2=y_3$$

をうる．

また $u''' \neq 0$ ならば，

$$x_1 \lessgtr x_2 \lessgtr x_3$$

からさらに二重不等式

$$u'''x_1 \lessgtr u'''x_2 \lessgtr u'''x_3$$

を，したがって (4) により

$$v'''y_1+r''' \lessgtr v'''y_2+r''' \lessgtr v'''y_3+r'''$$

を，したがって

$$v'''y_1 \lessgtr v'''y_2 \lessgtr v'''y_3$$

が導かれる．そして v''' は 0 でないから

$$y_1 \lessgtr y_2 \lessgtr y_3$$

である；これらの二重不等式のおのおのは同時に上の不等号をとるか，あるいは同時に下の不等号をとるものとする．

以上の考察からわれわれの幾何学において順序の直線公理 II_{1-3} が成り立つことがわかる．このほかに平面公理 II_4 もまた成り立つことの証明がまだ残っている．

この目的のために平面 $(u:v:w:r)$ を一平面とし，その中に直線 $[(u:v:w:r), (u':v':w':r')]$ が与えられたとする．平面 $(u:v:w:r)$ の上にある点 (x, y, z) が式 $u'x+v'y+w'z+r'$ を0よりも小ならしめるか，あるいは0よりも大ならしめるかにしたがい，それぞれその直線の一方の側および他の側にあると定めれば，あとはこの定め方が一意確定であり，かつ第24頁の定義と一致することを証明すればよい，そしてそれは容易になしうるところである．

これで上述の方法によりデザルグ数系から導かれる立体幾何学において公理 I, II, IV* が全部満足されることがわかった．

デザルグの定理は公理 I_{1-8}, II, IV* から証明しうるから，次のことがわかる：

デザルグ数系 D の上に上述の方法により一つの平面幾何学を作り，その幾何学において数系 D の数が §24 によって導入された線分算の元素となり，かつ公理 I_{1-3}, II, IV* が満足されるようにすることができる；このごとき平面幾何学においてはつねにデザルグの定理もまた成立する．

これはわれわれが §28 において到達した結果の逆に相当する，そしてこれを次のごとくまとめることができる：

公理 I_{1-3}, II, IV* のほかになおデザルグの定理が成立する平面幾何学においては§24によって線分算を導入することができる；しかるときこの線分算の元素は順序を適当に定義すればつねにデザルグ数系を構成する．

§30. デザルグの定理の意義

平面幾何学において公理 I_{1-3}, II, IV* が満足され，さらにデザルグの定理が成り立てば，上の定理によってこの幾何学において，§13における法則1-11, 13-16が成立するごとき線分算を導入することがつねに可能である．さらにこれらの線分全体の集合を一つの複素数系とみなし，これを用いて§29の所説にしたがい公理I, II, IV* のすべてが成立する立体幾何学を作ることができる．

この立体幾何学において $(x, y, 0)$ なる点のみに着目し，またこのような点のみを含む直線を考えれば一つの平面幾何学ができる．そして，§27において導いた定理55を考慮すれば，この平面幾何学は最初に与えられた平面幾何学に一致しなければならぬことがわかる，すなわち両幾何学の構成元素が結合および順序関係を保ったまま一対一の対応に置かれる．かくてわれわれは本章全理論の最終目標とも言うべき次の定理をうる：

定理56． 一つの平面幾何学において公理 I_{1-3}, II, IV* が満足されたとせよ；しかるときはこの平面幾何学がI, II, IV* の公理全部を満足する立体幾何学の一部とみなしうるための必要かつ十分な条件はデザルグの定理が成立す

ることである.

　デザルグの定理の平面幾何学に対する特性は,それがあらゆる空間公理に代わりうることであると言えよう.

　ここにえた結果から,公理 I, II, IV* を全部満足する立体幾何学はつねに「任意次元の幾何学」の一部とみなしうることがわかる；ここで任意次元の幾何学とは,点,直線,平面およびその他の高次元の構成元素の集合に対して,これに相応して拡張された結合,順序および平行の諸公理が成立するもののことを意味する.

第6章 パスカルの定理

§31. パスカルの定理の証明可能に関する二つの定理

デザルグの定理（定理 53）は，すでに述べたごとく，公理 I, II, IV* から，すなわち空間の公理を本質的に使用し，合同公理を追加することなしに，証明することができる；そして §23 において著者は，公理群 I の立体公理と合同公理 III なしには，「たとえ連続の公理の使用を許しても」，その定理の証明不可能なることを示した．

§14 においてはパスカルの定理（定理 40）を，また §22 においてはデザルグの定理を公理 I$_{1-3}$, II-IV, すなわち立体公理を除きかつ合同公理を本質的に利用することによって，それぞれ証明した．ここで「パスカルの定理もまた立体公理を附加すれば合同公理を用いずに証明しうるか」という問題が起こる．われわれの研究によれば，この点に関してはパスカルの定理はデザルグの定理とはまったく異なり，パスカルの定理の証明に際しては，「アルキメデスの公理を許すか許さざるか」が，この定理の成立に対して決定的な影響を与えることが証明される．本章においては合同公理を全般的に仮定しないから，ここではアルキメデスの

公理を次のように言い表わしておかなければならない：

V₁*. （線分算のアルキメデスの公理）一直線 g の上に線分 a と二点 A, B が与えられたとせよ．しかるときは有限個の点 $A_1, A_2, \cdots, A_{n-1}, A_n$ を見出し，B が A と A_n との間にあり，かつ §24 にしたがい公理 I, II, IV* およびデザルグの定理に基づいて g の上に導入することのできる線分算の意味において，線分 $AA_1, A_1A_2, \cdots, A_{n-1}A_n$ を a に等しからしめることができる．

われわれの研究の主要な結果を次の二つの定理にまとめる：

定理 57. パスカルの定理（定理 40）は公理 I, II, IV*, V₁* に基づいて，すなわち合同公理を除外し，アルキメデスの公理を用いて証明可能である．

定理 58. パスカルの定理（定理 40）は公理 I, II, IV* に基づいては，すなわち合同公理およびアルキメデスの公理を除いては，証明不可能である．

この両定理において一般定理 56 により，立体公理 I₄₋₈ はまた「デザルグの定理（定理 53）の成立」という平面幾何学の条件によって置き換えることができる．

§32. アルキメデス数系における乗法の交換律

定理 57 と 58 の証明は算術の演算法則と算術の基礎事項との間にある相互関係に基づいており，この知見のみでも，すでにそれ自身興味あることと言えよう．われわれは次の二つの定理を設定する：

§32. アルキメデス数系における乗法の交換律

定理 59. アルキメデス数系に対しては算法の交換律は他の演算法則からの必然的帰結である：すなわち数系が§13において挙げた性質 1-11, 13-17 をもてば，その数系はまた必然的に関係式 12 を満足する．

証明 まず次の注意をする：a を数系の任意の数とし，また
$$n = 1+1+\cdots+1$$
を正の整数とすれば，a と n とに対してはつねに乗法の交換律が成り立つ；すなわち
$$an = a(1+1+\cdots+1)$$
$$= a\cdot 1 + a\cdot 1 + \cdots + a\cdot 1$$
$$= a + a + \cdots + a$$
また同じく
$$na = (1+1+\cdots+1)a$$
$$= 1\cdot a + 1\cdot a + \cdots + 1\cdot a$$
$$= a + a + \cdots + a.$$

いま定理の主張に反し，数系の数 a, b に対して乗法の交換律が成立しないものとせよ．しかるときは，容易にわかる通り，
$$a > 0, \quad b > 0, \quad ab - ba > 0$$
と仮定することができる．§13 における要請 5 により一つの数 $c(c>0)$ が存在して
$$(a+b+1)c = ab - ba$$
となる．最後に不等式
$$d > 0, \quad d < 1, \quad d < c$$

を同時に満足する数 d をとり，また
$$md < a \leq (m+1)d$$
および
$$nd < b \leq (n+1)d$$
を満足する正の整数をそれぞれ m および n とせよ．数 m, n の存在はアルキメデスの定理（§13の定理17）から直ちに結論される．この証明の初めの注意を参照すれば，上の不等式から掛け算によって
$$ab \leq mnd^2 + (m+n+1)d^2$$
$$ba > mnd^2,$$
したがって引き算によって
$$ab - ba < (m+n+1)d^2$$
をうる．

しかるに $md < a, \quad nd < b, \quad d < 1,$
したがって $(m+n+1)d < a+b+1,$
すなわち $ab - ba < (a+b+1)d$
すなわち $d < c$ から
$$ab - ba < (a+b+1)c.$$

この不等式は数 c の性質に矛盾する，そしてこれで定理59の証明が完了した．

§33. 非アルキメデス数系における乗法の交換律

定理60. 非アルキメデス数系に対しては乗法の交換律は残余の演算法則からの当然の帰結ではない：すなわち §13 において挙げた性質 1-11, 13-16 を有する数系——す

なわち §28 によってデザルグ数系——にして乗法の交換律 (12) の成立しないものが存在する.

証明 t を一つの助変数, T を有限または無限個の項より成る
$$T = r_0 t^n + r_1 t^{n+1} + r_2 t^{n+2} + r_3 t^{n+3} + \cdots$$
なる形の式とせよ；ここで $r_0(\neq 0), r_1, r_2, \cdots$ は任意の有理数を, また n は任意の $\leqq 0$ なる整数を意味する. これらの式全体の集合に数 0 を附加する：T なる形の二つの式は $n, r_0, r_1, r_2, \cdots$ なる数が全部それぞれ一致するときに相等しいという. さらに s を第二の助変数とし S を
$$S = s^m T_0 + s^{m+1} T_1 + s^{m+2} T_2 + \cdots$$
なる形の有限または無限個の項よりなる任意の式とせよ；ここで $T_0(\neq 0), T_1, T_2, \cdots$ は T なる形の任意の式を表わし, また m は $\leqq 0$ なる任意の整数とする. S なる形の式全体の集合に再びまた数 0 を添加し, これを次の演算法則を定めた複素数系 $\Omega(s, t)$ とみなす：

まず助変数 s と t そのものについては §13 における規則 7–11 によって計算する, ただし法則 12 の代わりにつねに式

(1) $$ts = 2st$$

を適用する. この定め方が矛盾を含まぬことは容易にわかる.

いま S', S'' を S なる形の任意の二つの式とする：
$$S' = s^{m'} T_0' + s^{m'+1} T_1' + s^{m'+2} T_2' + \cdots,$$
$$S'' = s^{m''} T_0'' + s^{m''+1} T_1'' + s^{m''+2} T_2'' + \cdots,$$

しからば項別の加法によって新しい式 $S'+S''$ を作りうることは明らかである，そしてこれはやはり S 型でありかつ一意に確定する：式 $S'+S''$ を S' と S'' が表わす数の和という．

二つの式 S', S'' の普通の形式的な項別の乗法により，まず次の式をうる．

$$\begin{aligned}S'S'' =\ & s^{m'}T_0's^{m''}T_0'' \\ & +(s^{m'}T_0's^{m''+1}T_1''+s^{m'+1}T_1's^{m''}T_0'') \\ & +(s^{m'}T_0's^{m''+2}T_2''+s^{m'+1}T_1's^{m''+1}T_1'' \\ & +s^{m'+2}T_2's^{m''}T_0'')+\cdots\end{aligned}$$

これに式 (1) を用いれば明らかに一意に確定する S 型の式となる；これを S' の表わす数を S'' の表わす数に掛けた積という．

このように定めた計算法において §13 における演算法則 1-4 および 6-11 が成り立つことは明瞭である．§13 における規則 5 の成立することも困難なしにわかる．この目的のために

$$S' = s^{m'}T_0'+s^{m'+1}T_1'+s^{m'+2}T_2'+\cdots$$

および

$$S'''' = s^{m''''}T_0''''+s^{m''''+1}T_1''''+s^{m''''+2}T_2''''+\cdots$$

を与えられた S 型の式とし，われわれの定義にしたがい T_0' の第一係数 r_0' が 0 でないことを注意する．等式

(2) $\qquad S'S = S''''$

の両辺における s の同次冪を比較して，まず指数として整数 m'' を一意に確定し，次に順次に式

$$T_0'',\ T_1'',\ T_2'',\ \cdots$$

を，式
$$S'' = s^{m''}T_0'' + s^{m''+1}T_1'' + s^{m''+2}T_2'' + \cdots$$

が式 (1) を用いるとき等式 (2) を満足するように定めることができる：同様のことが等式

$$S'''S' = S''''$$

に対しても成り立つ．

これで求むる証明が完了した．

最後にわれわれの数系 $\Omega(s,t)$ の数に順序を考察しうるために，次のごとく定める：この数系の数はこれを表わす式 S の T_0 の第一係数 r_0 が <0 なるか >0 なるかにしたがい <0 あるいは >0 であるとする．この数系の任意の二数 a,b が与えられたとき，$a-b<0$ なるか >0 なるかにしたがい $a<b$ あるいは $a>b$ であるとする．この定め方によるとき，§13 における規則 13-16 もまた成り立ち，したがって $\Omega(s,t)$ がデザルグ数系（§28）となることが直ちにわかる．

等式 (1) が示すごとく，§13 における規則 12 はわれわれの数系 $\Omega(s,t)$ に対しては成立しない，これで定理 60 の正しいことが完全にわかった．

定理 59 によりアルキメデスの定理（§13 の定理 17）は，いま作った数系 $\Omega(s,t)$ に対しては成立しない．

数系 $\Omega(s,t)$ は——§9 と §12 において用いた数系 Ω および $\Omega(t)$ と同様に——可附番個以上の数を含まぬことを強調しておこう．

§34. パスカルの定理に関する二つの証明
(非パスカル幾何学)

一つの空間幾何学において公理 I, II, IV* が全部満足されれば，またデザルグの定理（定理 53）が成立する，したがって §28 における最後の定理によりこの幾何学において相交わる任意一組の直線の上に線分算の導入が可能である，そしてこれに対して §13 における規則 1-11, 13-16 が成立する．いまこの幾何学においてアルキメデスの公理 V_1^* を仮定すれば，明らかにこの線分算においてアルキメデスの定理（§13 の定理 17）が成立し，したがって定理 59 により乗法の交換律もまた成り立つ．

下図によって，乗法の交換律は両軸に関するパスカルの定理にほかならぬことが直ちにわかる．したがって定理 57 の正しいことがわかった．

定理 58 を証明するために §33 において設定したデザル

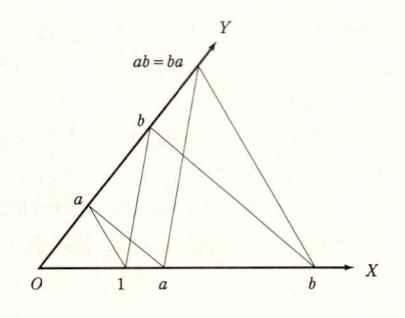

第 76 図

グ数系 $\Omega(s, t)$ に着目して，これを用いて§29の方法によって公理 I, II, IV* が全部満足される立体幾何学を作る．しかるに，デザルグ数系 $\Omega(s, t)$ においては乗法の交換律が成立しないから，この幾何学においてはパスカルの定理が成立しない．かくのごとくにして打ち立てられた**非パスカル幾何学**は前に証明した定理57の通り，また同時に**非アルキメデス幾何学**でなければならない．

この立体幾何学を，点，直線，平面のほかになお高次元の構成元素を有しかつこれに対応して拡張された結合および順序の公理系および平行公理が与えられているいかなる高次元幾何学の一部とみなしても，この仮定の範囲内ではなおパスカルの定理を証明しえないことは明らかである．

§35. パスカルの定理による任意の交点定理の証明

まず次の重要な事柄を証明する：

定理 61. デザルグの定理（定理53）は合同の公理および連続の公理を用いることなく，公理 I_{1-3}, II, IV* のみを仮定して，パスカルの定理（定理40）から証明することができる．

証明[1] 定理53を構成する二命題はそれぞれその一方から他方が証明されることは明らかであるから，例えば定理53の後半を証明すれば十分である．まず多少附帯条件のついた場合を証明する．

---

1) この定理の証明法はヘッセンベルグに負う (*Math. Ann.* 61).

三角形 ABC と $A'B'C'$ とにおいて，対応する頂点の連結直線が一点 O を通り，かつ AB が $A'B'$ に平行，AC が $A'C'$ に平行であるとせよ．さらに OB' と $A'C'$，および OC' と $A'B'$ がいずれもたがいに平行でないと仮定する．いま A を通り OB' に平行線を引き，これを $A'C'$ と一点 L において，また OC' と一点 M において交わらしめる．さらに直線 LB' が OA にもまた OC にも平行ならずとせよ．直線 AB と LB' とは確かに平行でない，すなわち一点 N において交わる，これを M および O と結ぶ．

上述の作図によれば構図 $ONALA'B'$ にパスカルの定理を適用して，ON が $A'L$ に，したがってまた CA に平行であることがわかる．また構図 $ONMACB$ と $ONMLC'B'$ にパスカルの定理を適用することが可能であり，MN が CB および $C'B'$ に平行となる．すなわち実際に辺 CB と $C'B'$ とがたがいに平行である．

証明の際に仮定した附帯条件は順次に取除くことができ

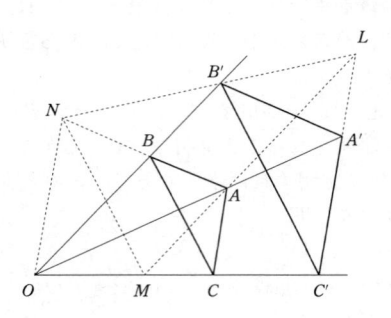

第77図

いま公理 I_{1-3}, II, IV* のほかにパスカルの定理が成り立つ平面幾何学があるとする. 定理61はこの幾何学においてデザルグの定理もまた成り立つことを教える. それゆえわれわれは§24にしたがいこの幾何学に線分算を導入することができる, そしてこの線分算においては§34によりパスカルの定理とともに乗法の交換律が成り立つ, すなわち§13におけるすべての演算法則1-12が成立する.

パスカルの定理あるいはデザルグの定理を表わす図形をそれぞれパスカル構図およびデザルグ構図ということにすれば, §§24-26と34の結果は次のようにまとめることができる：われわれの線分算の演算法則（§13の定理1-12）を適用することは有限個のパスカル構図およびデザルグ構図を組合せることである. そしてデザルグ構図は定理61の証明のごとく適当な補助点および補助線を作ることによってパスカル構図の組合せとして表わしうるから, われわれの線分算の演算法則を適用することは有限個のパスカル構図を組合せることにほかならない.

§27と乗法の交換律とにより, この線分算において一点が実数の組 (x, y) で, 一直線がその最初の二つが同時に0とならぬ三つの実数の比 $(u:v:w)$ で表わされる. 点と直線との結合関係は方程式
$$ux+vy+w = 0$$
により, 二つの直線 $(u:v:w)$ と $(u':v':w')$ との平行は比例

$$u:v = u':v'$$

によって特徴づけられる．

いまこのように与えられた幾何学において一つの純交点定理があるとせよ．ここで純交点定理とは点と直線との結合関係および直線の平行に関する陳述のみを含み，その他の関係，例えば合同や直交に関するごときもの，を用いない命題のことである．平面幾何学における任意の純交点定理は次の形に帰着せしめることができる：

まず有限個の点および直線より成る集合を任意に一つ選び，次に与えられた仕方でこの集合に属する若干の直線に任意に平行線を引き，この集合に属する若干の直線の上に任意に点をとり，あるいはこの集合に属する若干の点を通り任意に直線を引き，さらに与えられた仕方で連結直線，交点および既存の点を通る平行線を作る．しからばわれわれはついに有限個の直線よりなる一定の集合に到達し，定理は結局この集合に属する直線の共点性（一点を通ること）もしくは平行性の陳述に帰結せしめられる．

最初にまったく任意にとった点および直線の座標をわれわれは助変数 $p_1, \cdots, p_n$ にとる；次に多少制限して選んだ点および直線についてはそのうちのあるものの座標はさらに助変数 $p_{n+1}, \cdots, p_r$ としてとりうべきものもあり，また残余のものの座標はこれらの助変数 $p_1, \cdots, p_r$ によって定めうるものとなろう．さらにその後に作られた連結直線，交点，および平行線の座標は，これらの助変数 $p_1, \cdots, p_r$ に関する有理式 $A(p_1, \cdots, p_r)$ となり，そして与えられた交

点定理は，これらの式のあるものが一定の変数値に対してある定値をとるというように言い表わされる；すなわち交点定理は助変数 $p_1, \cdots, p_r$ の一定の有理式 $R(p_1, \cdots, p_r)$ がこの変数に，いま考えている幾何学に導入された線分算の任意の元素を代入するとき，つねにゼロとなることを言い表わす．しかるにこの元素の領域は無限に多くの元素より成るから，代数学の周知の定理によって，§13 の演算法則 1-12 に基づくとき式 $R(p_1, \cdots, p_r)$ は恒等的にゼロとならなければならぬ．そしてわれわれの線分算において式 $R(p_1, \cdots, p_r)$ が恒等的にゼロとなることを確かめるには，前に演算法則を適用する場合に証明したごとく，パスカルの定理を適用すれば十分である．したがって

定理 62. 公理 I_{1-3}, II, IV* およびパスカルの定理の成り立つ平面幾何学における任意の純交点定理は適当な補助点および補助直線を作れば，有限個数のパスカル構図の組合せになる．

したがって交点定理の正しいことを証明するにはパスカルの定理を用いれば，これ以上合同公理や連続公理などに溯る必要はない．

第7章　公理 I-IV に基づく幾何学的作図

§36. 定規と定長尺とを用いる幾何学的作図

公理 I-IV が全部成立する一つの立体幾何学が与えられたとする；いま簡単のためにこの立体幾何学の中に含まれる「平面」幾何学のみに着目し，そこで，適当な実際的補助手段を仮定して，この幾何学においていかなる基本的作図問題を必ず実行することができるかという問題を研究する．

公理 I, II, IV を基礎におくとき次の問題はつねに解くことができる：

問題 1. 二点を一直線で連結すること，および二直線が平行でないときその交点を求むること．

合同公理 III に基づいて線分と角を移すことができる，すなわちこの幾何学において次の問題を解くことができる：

問題 2. 与えられた線分を与えられた直線の上の一点から与えられた側に作ること．

問題 3. 与えられた角を与えられた直線上の与えられた一点を頂点とし与えられた側に作ること，あるいは与え

られた直線上の与えられた一点においてこれと与えられた角をなす直線を作ること．

公理 I-IV を基礎におけば，上述の三問題 1-3 に帰着しうる作図問題に限って解きうることがわかる．

基礎問題 1-3 にわれわれはなお次の二問題を附け加える：

問題 4. 与えられた一点を通り一つの直線に平行線を引くこと．

問題 5. 与えられた直線に垂線を引くこと．

この二問題は種々の方法で問題 1-3 によって解くことができることが直ちにわかる．

問題 1 を実行するには定規が入用である．問題 2-5 を実行するには，後に示すごとく，定規のほかには**定長尺**を用いるだけで十分である，ここで定長尺とはただ一つの一定の線分[1]，例えば単位線分，を作ることのできる器具のことである．これを用いて次の結果に到達した．

定理 63. 公理 I-IV に基礎をおいて解くことのできる幾何学的作図問題は必ず定規と定長尺とを用いて実行することができる．

証明 問題 4 を実行するために，与えられた点 P を与えられた直線 a 上の任意の点 A と結び，A から a の上に定長尺を用いて単位線分を引続いて二回，例えば AB, BC のごとく，切り取る．いま D を AP の上にある A および

---

1) ただ一つの線分を作りうる条件で十分なることはキュルシャークが注意した（J. Kürschák, *Math. Ann.* 55, 1902）．

P と異なる任意の点とし，かつ BD が PC に平行でないとする．しかるときは CP と BD とは一点 E において，AE と CD とは一点 F において交わる．PF はシュタイナー (Steiner) によって求むる平行線である．

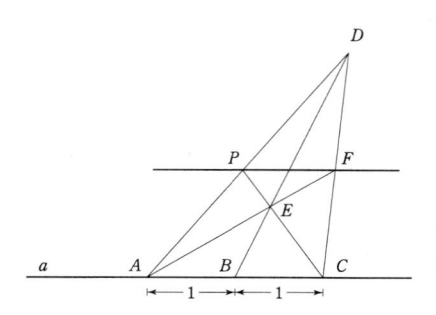

第78図

問題5をわれわれは次のごとくにして解く：A を与えられた直線上の任意の点とし，この直線上でこの点の両側に定長尺を用いて単位線分 AB と AC とを切り取り，さらに A を通る任意の他の二直線上に E および D を，AD および AE が単位線分となるごとくとる．直線 BD と CE とを一点 F において，また直線 BE と CD とを一点 H において交わらしめれば，FH が求むる垂線である．実際に角 $\angle BDC$ と $\angle BEC$ とは BC を直径とする半円の角として直角，したがって三角形の垂心の定理を三角形 BCF に適用すれば，FH もまた BC に垂直となる．

問題4と5とに基づいて，与えられた直線 a にその上にない点 D から垂線を下し，また直線 a の上にある一点 A

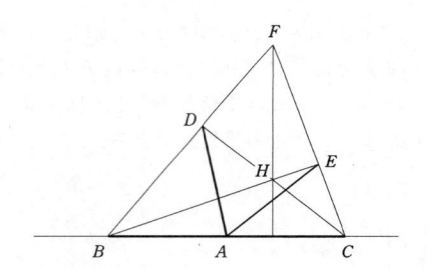

において，これに垂線を立てることがつねに可能である．

さらにわれわれは容易に問題3をも定規と定長尺とを用いて解くことができる；例えば次のごとき，平行線を引くこと，垂線を下すことのみより成る，方法による．β を移すべき角とし，A をその頂点とする．A を通って与えられた角 β をその上に移すべき与えられた直線に平行線 l を引く．β の辺上の任意の点 B から角 β の他の辺および l へそれぞれ垂線を下し，その足を D および C とせよ．C と D とはたがいに相異なり，かつ A は CD 上にはない．

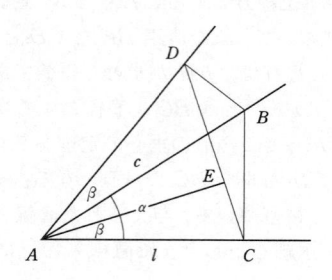

第 80 図

§36. 定規と定長尺とを用いる幾何学的作図

したがって A から CD へ垂線を下すことができる；その足を E とせよ．第 88 ないし 89 頁で行った証明によって $\angle CAE = \beta$ である．また点 B を与えられた角 β の他の辺上にとるときは，E は l に対して反対の側に落ちる．与えられた直線上の与えられた点を通り，AE に平行線を引く；これで問題 3 が解けた．

最後に問題 2 を実行するために，われわれは次のキュルシャーク (Kürschák) によって与えられた簡単な作図を行う：AB を移すべき線分，P を与えられた直線 l 上の与えられた点とする．P を通り AB に平行線を引き，その上に定長尺を用いて P から AP に対して B のある方の側に単位線分をとりその端点を C とする；さらに l の上において点 P から与えられた側に単位線分をとりその端点を D とする．B を通り AP に平行線を引き PC と Q で交わり，Q を通り CD に平行に直線を引き l と E で交わるとせよ；しからば $PE = AB$ である．l が PQ と一致し，かつ Q が与えられた側にない場合は，作図法を少し拡張すれば

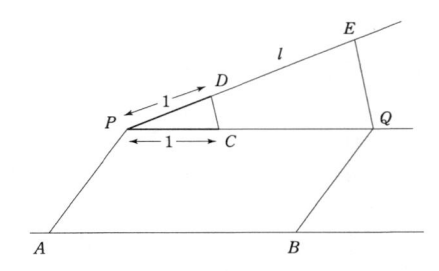

第 81 図

よい．

すなわち，問題 1-5 はすべて定規と定長尺とによって解くことができる，したがって定理 63 が完全に証明された．

§37. 定規と定長尺を用いる幾何学的作図の実行可能の鑑定法

§36 において取扱った初等幾何学的問題以外にもなお直線を引くことと線分を作ることだけで解くことのできる極めて多くの問題が存在する．この方法で解きうるすべての問題の範囲を見透しうるために，今後の考察においては直交座標系を基礎におき，点の座標を普通の通りに実数または任意の助変数の関数として考える．

作図可能な点全体を求むる問題に答えるために，われわれは次のように考える：

定点の集合が与えられたとする；これらの点の座標をもって一つの有理域 R を構成する；この有理域は若干の実数および若干の任意の助変数 p を含む．次に与えられた点の集合から直線を引くことおよび線分を移すことによってえられる点全体を考える．これらの点の座標が作る領域を $\Omega(R)$ とする；これは若干の実数および任意の助変数 p の関数を含む．

§17 における研究によれば，直線を引くことおよび平行線を引くことは解析的には線分の加減乗除を行うことにほかならぬ：さらに§9で与えた回転に関する周知の式は，任意の直線上に線分を移すことは，すでに作った二つの数

の平方の和の開平方以外にはなんら新しい解析的演算を要せざることを教える．逆にピタゴラスの定理に基づき直角三角形を援用すれば，二つの線分の平方の和の平方根を線分を移すことによって，つねに作図することができる．

このことから，領域 $\Omega(R)$ は R の数と助変数とに五種の演算，すなわち四則および二つの平方数の和の開平なる第五の演算を有限回施すことによってえられる実数および助変数 p の関数の全体のみから構成されることがわかる．この結果を次のごとく言い表わす：

定理 64. 幾何学的作図が直線を引くことと線分を移すこととによって，すなわち定規と定長尺との使用によって解きうるのは，問題を解析的に取扱うとき，求むる点の座標が与えられた点の座標から四則と二数の平方の和の開平方とを——しかもこれら五種の演算を有限回行うことによってえられる関数である場合に限る．

この定理から，コンパスを用いて解きうる問題が必ずしも定規と定長尺との使用のみで解きえられないことが容易にわかる．この目的のために§9において代数的数域 Ω を用いて作った幾何学を基礎にとる；この幾何学には定規と定長尺のみで作図可能な線分，すなわち領域 Ω の数によって定まる線分のみが存在する．

いま ω を Ω の任意の数とすれば，領域 Ω の定義から，ω に共役な代数的数が Ω に含まれねばならぬことが容易にわかる．そして Ω の数は明らかにすべて実数であるから，領域 Ω はその共役数がやはり実数なるごとき，実の代

数的数のみより成ることがわかる；すなわち領域 Ω の数は総体的実数（total reell）である．

いま斜辺が 1，他の一辺が $|\sqrt{2}|-1$ なる直角三角形を作図する問題を考えてみる．ここで第三の辺を表わす代数的数 $\sqrt{2|\sqrt{2}|-2}$ は，その共役数 $\sqrt{-2|\sqrt{2}|-2}$ が虚数となるから，領域 Ω には現われない．したがってこの問題はここで考えた幾何学においては解くことができない．したがってこれはコンパスを用いれば直ちに解けるものなるにかかわらず，定規と定長尺のみの使用によっては決して解くことができない．

逆もまた成り立つ，すなわち次の定理が成り立つ：

任意の総体的実数は領域 Ω に含まれる．したがって総体的実数によって定められる線分はつねに定規と定長尺とを用いて作図することができる．この定理の証明はさらにもっと一般的な考察からえられる．すなわち定規とコンパスとを用いて解くことができる幾何学の作図問題に対して，その問題およびその解き方の解析的性質を見て，その作図が定規と定長尺のみを用いて解きうるか否かを直ちに判断しうる一つの鑑定法がえられる．これは次の定理によって与えられる：

定理 65. 幾何学的作図問題があり，これを解析的に取扱うときは求むる点の座標が与えられた点の座標から有理演算と開平方のみによって求めうるとする．この際に点の座標を計算するのに十分なる平方根の最小個数を n とせよ；しかるとき与えられた作図問題を直線を引くことと線

分を移すことのみによって実行しうるための必要かつ十分な条件は，その幾何学的問題が無限遠をも含めて，しかも与えられた点のすべてのあり方に対し，すなわち与えられた点の座標に含まれる任意の助変数のすべての値に対して，ちょうど 2^n 個の実解を有することである．

本節の初めに考察したことに基づき，この鑑定法が必要条件なることは直ちにわかる．これがまた十分条件なることは次の算術の定理にほかならぬ：

定理66. 助変数 $p_1, \cdots, p_n$ の関数 $f(p_1, \cdots, p_n)$ は有理演算と開平方とによって作られたものとせよ．この関数が助変数の任意の実数値の組に対して「総体的実数」を表わせば，この数は $1, p_1, \cdots, p_n$ から出発し四則と「二つの平方数の和」の開平方とを繰り返してえられる領域 $\Omega(R)$ に属する．

まず，領域 $\Omega(R)$ を定義する場合の「二数」の平方和なる制限は取除くことができる．いかにも
$$\sqrt{a^2+b^2+c^2} = \sqrt{(\sqrt{a^2+b^2})^2+c^2},$$
$$\sqrt{a^2+b^2+c^2+d^2} = \sqrt{(\sqrt{a^2+b^2+c^2})^2+d^2},$$
$$\cdots\cdots\cdots\cdots\cdots\cdots\cdots\cdots\cdots\cdots\cdots\cdots\cdots\cdots$$
なる式が示すごとく任意個数の平方の和の開平方はつねに二つの平方の和の開平方の繰り返しに帰着せしめうる．

したがって，関数 $f(p_1, \cdots, p_n)$ を作る際に，つねに最も内部にある平方根を順々に添加することによって次々にえられる有理域に関して，これらの平方根号の内の数がその直前の有理域において平方の和として表わされうることを

証明すれば十分である．この証明は次の代数的定理に基づく．

定理 67. 有理数の係数をもつ有理関数 $\rho(p_1, \cdots, p_n)$ が助変数の実数値に対して決して負の値をとることがないとすれば，この関数は有理係数をもつ変数 $p_1, \cdots, p_n$ の有理関数の平方の和として表わされる[1]．

この定理をわれわれは次のごとく言い表わす．

定理 68. $1, p_1, \cdots, p_n$ の定める有理域において変数にいかなる実数値を与えても決して負とならぬ関数は平方和となる．

定理 66 で述べた性質をもつ関数 $f(p_1, \cdots, p_n)$ が与えられたとする．われわれは関数 f を作るために必要な平方根を順次に添加して作る領域に対して，定理 68 を拡張する．すなわちこれらの領域において，任意の，その共役も同時に決して負とならぬ関数はこの領域における関数の平方の和として表わすことができる．

これを証明するには完全帰納法による．まず関数の最も内側にある平方根を R に添加して作った領域を考える．このとき，根号の内にある数は「有理関数」$f_1(p_1, \cdots, p_n)$ である．$f_2(p_1, \cdots, p_n)$ を添加によってえた領域 $(R, \sqrt{f_1})$ に

---

1) この問題の一変数の場合は，はじめて著者によって取扱われた，これについでランダウが一変数の場合の定理を完全にかつ初等的方法によって証明することに成功した (Landau, *Math. Ann.* 57 (1903))．一般の場合の完全な証明は最近アルチンが成功した (Artin, *Hamburger Abhandlungen* 5. (1927))．

属し,その共役とともに決して負とならず,また恒等的にもゼロとならぬ関数とせよ；これは $a+b\sqrt{f_1}$ なる形をもつ,ここで a と b は f_1 と同じく有理関数である. f_2 に対する仮定により,関数 $a+b\sqrt{f_1}$ と $a-b\sqrt{f_1}$ との和 φ および積 ψ は決して負の値をとらない,かつ関数
$$\varphi = 2a, \quad \psi = a^2 - b^2 f_1$$
は有理関数であり,したがって定理 68 により R の関数の平方和として表わされる.その上 φ は恒等的にゼロとはならない.

f_2 に対して成り立つ方程式
$$f_2^2 - \varphi f_2 + \psi = 0$$
から
$$f_2 = \frac{f_2^2 + \psi}{\varphi} = \left(\frac{f_2}{\varphi}\right)^2 \cdot \varphi + \frac{\varphi \psi}{\varphi^2}$$
をうる.

φ と ψ について上に言ったことから, f_2 は領域 $(R, \sqrt{f_1})$ の関数の平方和として表わされる.すなわち領域 $(R, \sqrt{f_1})$ に対してえられたこの結果は領域 R に対する定理 68 に相当する.上述の方法を他の添加の場合に繰り返し適用することにより,関数 f を作る場合に到達するいずれの領域においても,その共役もろともに決して負とならぬ関数は,それぞれその相応する領域における平方和として表わしうることが結論される.さて f に現われる任意の平方根を考える.これはつねにその共役とともに実であり,したがって根号内の関数は,それを表示する領域においてその共役

もろとも決して負とならぬ関数である，したがって同じ領域において平方和として表わされる．これで定理 66 が証明された；ゆえに定理 65 の判定条件はまた十分条件である．

定理 65 の応用の例としてコンパスを用いて作図しうる正多角形を挙げよう；この場合には任意の助変数 p は存在せず，作図すべき式はすべて代数的数である．定理 65 の判定条件が満足されることは容易にわかる，したがってその多角形はまた直線を引くことおよび線分を移すことのみを用いて作図することができる――そしてこれはまた円周等分の理論からも直接に導きうる結果である．

その他の初等幾何学の著名な作図題のうちマルファッチ (Malfatti) の問題は定規と定長尺のみを用いて解くことができるが，アポロニオスの接触円の問題は解くことができないことのみを言及するにとどめよう[1]．

---

[1] 定規と定長尺とによる幾何学的作図の詳細についてはフェルドブルムの卒業論文を参照せよ (M. Feldblum, Über elementargeometrische Konstruktionen, Inauguraldissertation, Göttingen 1899).

結　語

この論文は幾何学の原理の一つの批判的研究である；この研究においてわれわれは，ここに生起した各問題を論ずるのに，補助手段を制限し，その適用方法を指定するとき，その解答が可能なるか否かを，同時に吟味するのを指導原則とした．

そしてこの可能性を問題にするという原則は一般的でかつ自然なところがあると思われる；実際，われわれが数学研究の途上，一つの問題に遭遇し，あるいは一つの定理を予想するとき，その問題の完全な解決に到達し，またはその定理の厳密な証明に成功するか，さもなくば成功不可能の理由，と同時に不成功の当然なることがわれわれに明らかになるとき，われわれの求知心ははじめて満足するからである．

さればある解法または課題の「不可能性」の問題は近代数学において重要な役割を演ずる，すなわちこの種の問題を解決しようとしたことがしばしば新しく豊かな研究領域の発見の動機とさえなったのである．

われわれはただ五次方程式を開平のみによって解くことの不可能に関するアーベル（Abel）の証明，さらに平行線

公理の証明不可能に関する知見，e および π を代数的方法によって作ることの不可能に関するエルミット（Hermite）およびリンデマン（Lindemann）の定理を想起するにとどめよう．

またつねに証明可能の原理を吟味せんとする原則は，多くの数学者の強調する証明法の「純粋性」の要求とも最も密接な関連を有する．この要求はその実質においてわれわれがとった根本原則の主観的表現にほかならない．実際，ここに述べた幾何学的研究は，初等幾何学の事実を証明するのにいかなる公理，仮定もしくは補助手段が必要なるかについて一般的解明を与えんとするのであって，ここにとった立場に立っていかなる証明法を選ぶべきかは，個々の場合の判断にまたねばならないのである．

数の概念について*)

Jahresbericht der Deutschen Mathematiker-Vereinigung 8 (1900) から終りの一文章を削除して転載

「算術」の原理に関する多くの研究および「幾何学」の公理に関する多くの研究の文献を通看すれば，この二つの研究対象の間にあまたの類似性と関連性とが認められる一方，またその研究の「方法」については相異なる点のあることに気がつく．

まず数の概念を導入する方法を回想してみよう．数1の概念から出発して普通には数える操作によって正の有理整数 2, 3, 4, … を作り，かつその演算法則を展開する；さらに分数を例えば二つの数の組として定義する——かくすれば任意の一次関数がつねにゼロ点をもつこととなる——，そして最後に実数を切断もしくは基本列として定義する——これによって正および負の値をとる任意の有理整関数のみならず正および負の値をとるおよそ任意の連続関数がゼロ点を有することとなる．われわれは数概念のこの導入の方法を**生成的方法**と名づけることができる，けだし簡単な数の概念を順次に拡張して実数の一般概念が「生成」される

---

*) （訳者註） G.附録第六．

からである．

　幾何学を建設する場合にはまったくこれと異なる方法による．ここではわれわれはすべての幾何学構成元素の存在の仮定から始めるのを常とする，すなわちわれわれは最初から三種の物の集合，すなわち点，直線，平面の存在を仮定し——主としてユークリッドにならって——若干の公理，すなわち結合，順序，合同および連続の諸公理によってこれらの構成元素にたがいに関連をつける．しからば必然の問題としてこれら諸公理の「無矛盾性」および「完全性」を証明する問題が生起する，すなわちここに設定した公理を用いるとき決して矛盾に到達しないこと，さらにこの一組の公理は幾何学のすべての定理を証明しうるに足るものなることが証明されなければならない．ここに示した研究法を**公理的方法**と名づけることにしよう．

　ここでわれわれは次の問題を提起する；はたして実際に生成的方法がまさに数概念の研究に適し，また公理的方法が幾何学の基礎の研究に対して唯一の適当な方法であるか．あるいはこの二方法を対立せしめ，そして力学の，あるいは他の物理学理論の基礎の論理的研究に関して，そのいずれが優れているかを研究するのもまた興味があるであろう．

　これに対する私の見解は次のごとくである：

　生成的方法は確かに高度の教育的および発見的な価値あるものではあるが，われわれの知識の内容を決定的に記述しかつ完全に論理的に保証するには公理的方法の方がなお

優れている．

数の概念の理論においては公理的方法は次のごとき形をとる：

われわれは一種類の物の集まりを考える；これらの物を数と名づけ $a, b, c, \cdots$ をもって表わす．われわれはこれらの数の間の相互関係を考える，この関係を正確にかつ完全に記述するのに次の公理を用いる．

I. 結合公理

I_1. 数 a と数 b から「加法」によって一つの定まった数 c ができる．記号で
$$a+b = c \quad \text{または} \quad c = a+b.$$

I_2. a, b を与えられた数とするときつねにそれぞれ
$$a+x = b \quad \text{または} \quad y+a = b$$
となるただ一つの数 x およびただ一つの数 y が存在する．

I_3. 任意の数 a に対して共通に
$$a+0 = a \quad \text{かつ} \quad 0+a = a$$
となるごとき一つの定まった数が存在する――これを 0（ゼロ）という．

I_4. 数 a と数 b とから第二の結合法，すなわち「乗法」によって一つの定まった数 c ができる．記号で
$$ab = c \quad \text{あるいは} \quad c = ab.$$

I_5. a および b を任意の与えられた数とし，a が 0 でないとすればそれぞれ
$$ax = b \quad \text{または} \quad ya = b$$

となるごときただ一つの数 x およびただ一つの数 y が存在する．

I_6. 任意の数 a に対して共通に
$$a \cdot 1 = a \quad \text{かつ} \quad 1 \cdot a = a$$
となるごとき一つの確定した数が存在する，これを 1 という．

II. 演算の公理

a, b, c を任意の数とするとき，つねに次の算式が成立する：

$II_1.$ $\quad a+(b+c) = (a+b)+c,$
$II_2.$ $\quad a+b \quad\;\; = b+a,$
$II_3.$ $\quad a(bc) \quad\;\; = (ab)c,$
$II_4.$ $\quad a(b+c) = ab+ac,$
$II_5.$ $\quad (a+b)c = ac+bc,$
$II_6.$ $\quad ab \quad\quad\;\; = ba.$

III. 順序の公理

$III_1.$ a, b を相異なる二数とするとき，そのうちのただ一つの数（例えば a）が他のものよりも大（>）である；このとき後者をより小なる数という．記号で
$$a > b \quad \text{および} \quad b < a$$
$a > a$ を満足する数 a は存在しない．

$III_2.$ $a > b$ かつ $b > c$ ならば，また $a > c$ である．

$III_3.$ $a > b$ ならばつねに

$$a+c > b+c \quad \text{かつ} \quad c+a > c+b$$
である．

III$_4$. $a>b$ で $c>0$ ならば，またつねに
$$ac > bc \quad \text{かつ} \quad ca > cb$$
である．

IV. 連続の公理

IV$_1$. (アルキメデスの公理) $a>0$ および $b>0$ を任意の二数とするとき，a を繰り返し有限回加え合せてうる和をして性質
$$a+a+\cdots\cdots+a > b$$
を有せしめることがつねに可能である．

IV$_2$. (完全性の公理) 数の集まりは他物の集まりを付け加えて新しい集まりを作り，ここにおいて数の間の諸関係をたもったまま公理 I, II, III, IV$_1$ を全部成立せしめることはできない．略言すれば，数は上述の諸関係およびここに挙げた公理を全部保存する限りでは，もはやこれ以上に拡大不可能なる一つの集まりを形成する．

公理 IV$_1$ にはわれわれは有限個数という概念を仮定した．

これらの公理のあるもの，例えば I$_{1-6}$, II$_{1-6}$, III$_{1-4}$, IV$_{1-2}$ は残余の諸公理から結論される．かくて，ここに設定した諸公理の論理的従属性を論究する問題が起こるが，この問題は算術の原理に対して多くの新しく豊かな展望を与える．例えば次の事柄がわかる：

数 0 の存在（公理 I_3）は公理 $I_{1,2}$ と II_1 からの一つの結論である；したがってこれは本質的には加法の結合律に基づく．

数 1 の存在（公理 I_6）は公理 $I_{4,5}$ と II_3 からの結論の一つである；したがってこれは本質的には乗法の結合律に基づく．

加法の交換律（公理 II_2）は公理 I，$II_{1,4,5}$ からの結論の一つである；したがってこれは本質的には加法の結合律と二つの分配律とから導かれる．

証明
$$(a+b)(1+1) = (a+b)1+(a+b)1 = a+b+a+b,$$
$$= a(1+1)+b(1+1) = a+a+b+b;$$
したがって $a+b+a+b = a+a+b+b$,
ゆえに I_2 によって $b+a = a+b$.

乗法の交換律（公理 II_6）は公理 I，II_{1-5}，III，IV_1 からは結論されるが，公理 I，II_{1-5}，III からはすでに導出することができない；したがって乗法の交換律はアルキメデスの公理（公理 IV_1）を追加するときに限り残余の公理から導出することができる．この事柄は幾何学の基礎に対しては重要な意義をもつ[1]．

公理 IV_2 は公理 IV_1 に独立である；この二つの公理はともに収斂の概念あるいは極限の存在について少しも述べていないのにかかわらず，この二つから集積点の存在に関

---

1) G. 第6章を見よ．

するボルツァーノ（Bolzano）の定理を証明することができる．したがってわれわれはここに作った数系が普通の実数系と一致することを知るのである．

ここに設定した公理の無矛盾性[1]を証明することは，すなわち実数全体の集まりの存在の証明となる——あるいはカントール（Cantor）の語法にしたがえば——すべての実数の集まりが一つの整合的集合（無矛盾な集合）であることの証明となる．

すべての実数全体の集まりの存在および無限集合一般の存在の否定を主張する種々の反対意見は，上に述べた見地に立てばまったく根拠を喪失する．これによれば実数の集合として，基本列の元素の収斂を支配するあらゆる可能な法則のごときものを考える必要はないのであって，むしろ——上に説明した通り——物の一つの集まりを考えて，その元素の相互関係が上記の**有限個の完結した公理群 I-IV** によって与えられ，かつまたこれらの元素に関する命題は，それがこの公理群から有限個数の論理的演繹によって導きうるときに限って成り立つとすればよいのである．

すべての濃度の全体（あるいはカントールのアレフ数全体）の集まりの存在を同様の方法によって証明しようとすれば，恐らくそれは失敗に終るに違いない．実際，すべて

---

1) この証明には本質的に新しい証明方法を必要とする．そしてこの証明が私の新研究たる証明論（Beweistheorie）の主要問題となるのである．G. 附録 VIII-X を参照せよ．したがって旧版の原文に載せた上述の主旨に反する注意は今回削除することとした．

の濃度の全体の集まりは存在しないのである——あるいはカントールの語法にしたがえば——すべての濃度の集まりは非整合的集合（矛盾を含む集合）[1] なのである[*].

1899 年 10 月 12 日　　ゲッチンゲンにおいて

---

1) 最近発表されたツェルメロの炯眼なる研究を参照せよ．F. Zermelo: Beweis für die Möglichkeit einer Wohlordnung, *Math. Ann.* 59 (1904) および 65 (1907) および同氏の研究 Über die Grundlagen der Mengenlehre, *Math. Ann.* 65 (1907).
[*] （訳者註）数学的存在すなわち無矛盾性とする「形式主義」的見解の表明！

公理論的思惟[1]

[*Mathem. Annalen* 78, S. 405-415 (1918)]

　もろもろの民族の生活において個々の民族が繁栄しうるためには，それが隣接諸民族のすべてと協和することを必要とし，またもろもろの国家の利益のためには，おのおのの国家がその内部において秩序が確立されているのみならず，国家相互の関係もまたよく調整されていることが必要であるが，もろもろの学問の生活においてもまたこれと同様である．数学思想のすぐれた所有者は，以上のことを正しく認識して，隣接諸学問の法則と秩序とに多大の関心をあらわし，特に数学それ自身のためにも隣接諸科学との関係，特に物理学あるいは認識論のごとき大領域との関連に深く注意したことは，いまに始まることではない．私が諸君に近代数学において次第に有力となってきた一つの一般的な研究方法を述べるならば，この関連の本質とその関連から多くの研究成果を期待しうる理由とが最も明瞭になることと思う，すなわち**公理的方法**がこれである．

　ある多少とも事柄を包含する知識の部門を組織だてよう

---

1) 1917年9月11日チューリッヒにおけるスイス数学会における講演．

としてわれわれが直ちに気づくことは，これらの事柄に一定の秩序をつけうることである．この秩序をつけるには，それぞれの場合に，**概念の骨組**を組立て，これを用いてこの部門の各対象がこの骨組の各概念に対応し，この部門の各事実がこれら諸概念の間の論理的関係に対応するごとくすればよい．概念の骨組とはこの知識部門における**理論**にほかならない．

かくのごとくにして多くの幾何学的事実を一つの幾何学に，多くの算術的事実を一つの数論に，静力学的，動力学的さては電気力学的諸事実をそれぞれ静力学の，動力学の，および電気力学の理論となし，あるいは気体の物理的諸事実を気体論に組織だてることができる．熱力学，幾何光学，初等輻射，熱伝導さては確率論，集合論などの知識部門についても同様である．特に曲面論，ガロアの方程式論，素数論のごとき純粋数学の部門についても，心理物理学または貨幣論の一部というごとき数学とは縁遠い多くの知識部門についても同じことが成立する．

さらにわれわれがある理論を詳細に研究するならば，概念の骨組の構成には，その知識部門のいくつかの特別な命題が基礎になり，かつまたこれだけを基礎にとって骨組全体を論理的原則にしたがって組立てることが十分にできることをわれわれはつねに知るのである．

すなわち幾何学においては平面の方程式の一次性の定理と点座標の直交変換とから，ユークリッド空間幾何学の全学問を単に解析学の手段のみによって完全に構成すること

ができる．さらに数論の構成には計算法則と整数の法則とで十分である．静力学においては力の平行四辺形の定理が，また力学においては例えばラグランジュの運動の微分方程式が，電気力学においてはマックスウェルの微分方程式に電子の剛体性と電荷に関する条件を付け加えたものが同様の役目を務める．熱力学はエネルギー関数の概念とこれをエントロピーと体積とを独立変数としてそれぞれ微分した導関数として温度および圧力を定義することにより，完全に建設することができる．初等輻射論では輻射と吸収との関係を支配するキルヒホフの定理がその中心となる；確率論ではガウスの誤差法則が，気体論では「エントロピーが状態確率の対数の符号をかえたものに等しい」という定理が，曲面論では弧の長さを二次微分形式で表示することが，方程式論では根の存在定理が，また素数論ではリーマンの関数 $\zeta(s)$ のゼロ点のあり方および多さに関する定理が，それぞれ基本的の定理となる．

これらの基本定理ははじめに述べた立場からは**おのおのの知識部門の公理**とみなすことができる．このとき各部門の進歩とは，ただこの概念の骨組を論理的に完成することにかかってくる．特に純粋数学においてはこの立場が支配的であって，われわれは幾何学，算術，関数論その他全解析学の顕著なる発展をこの研究法に負うのである．

かくて上に挙げた場合には各知識部門の基礎づけの問題はひとまず解決を見出したのであるが，それは単なる暫定的のものであると言わなければならない．実際，各部門に

おいて上述の公理とみなした基本的命題をさらに基礎づけようとする要求が起こった．かくてわれわれは平面の方程式の一次性と，運動を表示する変換の直交性の『証明』に，さらに算術の計算法則に対する，力の平行四辺形に対する，ラグランジュの運動方程式に対する，輻射と吸収とに関するキルヒホフの定理に対する，エントロピー定理に対する，かつまた方程式の根の存在定理に対する『証明』に到達したのである．

しかしこれらの『証明』をよく吟味してみれば，これはそれ自身証明というものでなくて，本質的には単に「より基本的」な命題への帰着を可能ならしめたものであることがわかる．そしてこの命題を今後は以前の証明すべき基本定理に代わってそれ自身公理とみなしうべきものである．幾何学，算術，静力学，動力学，輻射論あるいは熱力学において今日いわゆる**公理**と呼ばれるところのものは元来このようにして成立したものである．これら公理の特徴は，最初に各知識部門において基礎にとった公理の段階に比べて，さらに一層深い段階を構成することである．それゆえここで述べた公理的方法はおのおのの知識部門の**基礎を深めること**にほかならない，あたかも建築をするのに高さを高くしかも強固性をたもとうとして基礎工事を深くするのと同様である．

ある知識部門の理論，すなわち理論を表現する概念の骨組が見透しよくかつ順序よく，理論としての目的に適うた

めには，それは特に次の二条件を満足しなければならない：**第一**にそれは理論を構成する諸命題の従属性および独立性について見透しを与えうること，**第二**に理論を構成するすべての命題の無矛盾を保証しうることがこれである．特に各理論の公理はこの二つの観点から吟味さるべきである．

まず公理の従属性および独立性を考察しよう．

公理の独立性の吟味に対して幾何学の平行線公理は古典的な例である．平行線の命題が他の公理によって制約されるか否かという問題は，ユークリッドがこれを公理にとることによってその従属性を否定したところである．ユークリッドの研究方法は公理的研究の模範とされ，同時にユークリッド以来幾何学が公理的学問そのものの範例となった．

公理の従属性の研究に対する他の例として古典力学がある．前に述べたごとく，ラグランジュの運動方程式を暫定的に力学の公理とすることができたが，なお任意の力および任意の附帯条件を一般的に記述して，ラグランジュの微分方程式の上に完全に力学を基礎づけることができるのである．しかしさらにくわしく研究すれば，力学の建設に際して任意の力および任意の附帯条件を同時に仮定する必要はなく，したがって仮定の条件を少くしうることがわかる．この知見は一方においては力を，しかも特に中心力のみを仮定し，附帯条件を仮定しないボルツマンの公理系を，他方においては力を除去し，附帯条件のみで，しかも

特に一定の結合関係のみを要請するヘルツの公理系を結果した．それゆえこの二つの公理系はともに力学の公理化の発展過程における「より深い」段階を形成する．

ガロアの方程式論の基礎づけに際して方程式の根の存在を公理にとれば，これは確かに従属的な公理である；何となれば，これは初めてガウスが示した通り，この存在定理は算術の公理から証明可能である．

素数論におけるリーマンの関数 $\zeta(s)$ のゼロ点のあり方を公理にとろうとすればまったく同様の関係が起こる；今後の発展において純粋算術の公理の段階が深められる場合にはこのゼロ点のあり方の命題の証明が当然問題となるであろう．そしてこの証明によってわれわれが現在この命題を仮定してその上に築いた素数論の重要な諸結果がはじめて保証されるわけである．

公理論的取扱いに対して特に興味のあるのは，ある知識部門の命題が**連続**の公理に従属するや否やの問題である．

実数論において計測の公理，すなわちいわゆるアルキメデスの公理が残余のすべての算術的公理に従属することが証明された．この知見が幾何学において重要な意義をもつことは周知のことであるが，物理学に対してもまた原理的な興味があると思われる：それはわれわれを次の結果に導くからである．われわれが地上の距離を反覆使用することによって世界空間にある物体の次元と距離とを測りうるという事実，すなわち地上の尺度をもって天界の長さを測りうるということ，また原子内の距離をメートル単位によっ

て表わしうるという事実は，三角形の合同の定理や幾何構図の定理からの単純な論理的結論ではなくて，それは実に経験の結果である．自然におけるアルキメデスの公理の成立は，例えば三角形の内角和の定理について周知なるごとく，いま上に述べた意味においてまさに実験による確認を必要とするのである．

一般に，物理学における連続の公理を私は次のごとく述べたい：「ある物理学の命題の成立に対して任意の精密度を前もって指定するとき，すべての領域において，与えられた命題からの偏差が指定した精密度を超ゆることなしに，与えられた命題中にある仮定を自由に変化させることはできない」．この公理はまったく実験の本質にあることを言明したにすぎない．従来，物理学者はこれをことさら言明することなしに，つねに仮定したのであった．

例えばプランクが**第二種永久運動**の不可能の公理から熱力学の第二法則を導き出すときに，この連続公理は当然使用された．

静力学において**力の平行四辺形**の定理を証明する場合に連続公理の必要なることを——少くとも残余の公理をこれに近接して選ぶときには——ハーメルは連続体の整列可能性の命題を採用して極めて興味ある方法で証明した．

古典力学の公理はこれを深めることができる．すなわち連続公理によって連続運動を密接に引き続いた，瞬間力によって引き起こされた等速直線運動に分解し，本質的な力学の公理としては「任意の衝撃の後にはつねにその系の運

動エネルギーが，エネルギー保存則にしたがうすべての運動のうちで最大となるような運動が起こる」という**ベルトランの極大法則**を適用するのである．

物理学の，特に電気力学の最も新しい基礎づけの方法はまったく連続の理論そのものであり，連続性の条件を最高度に要請するものではあるが，これについてはその理論が未完成であるから深く論ずるのをやめよう．

次にわれわれは前に述べた第二の立場，すなわち公理の**無矛盾性**の問題について検討しよう．この問題が最も重要なることは明らかである，けだし一つの理論の中に矛盾が存在するということは，その理論全体の成立を危うからしめるからである．

一つの知識部門の内部における無矛盾を認識することは，すでに久しく承認され，また結果を多く出している諸理論においてさえ容易ではないのである：私は気体運動論における**可逆性と回帰性との矛盾**を想起する．

また一つの理論の内的無矛盾は，これを証明するには実際は数学を深く発展せしめる必要があるにかかわらず，内的無矛盾が自明であると思われることがまたしばしば起こるのである．この例として**熱伝導**の初等理論からの一問題を考察しよう．すなわち表面では場所にしたがって変化する温度をもつ場合の等質物体内の温度の分布の問題がこれである．このとき温度の平衡が成立するという要求は理論内部の矛盾を引き起こさない．しかしそれを知るにはポテンシャル論における周知の境界値問題がつねに解けると

いうことが証明されなければならない．何となれば，およそ熱伝導方程式を満足する温度の分布なるものが可能なことは，上述の境界値問題を解いてはじめて証明されるからである．

しかしことに物理学においては一つの理論の諸定理が相互に調和しているだけでは十分ではない，むしろそれが隣接する知識部門の諸定理と決して矛盾せぬことが要求されねばならない．

すなわち，私が近頃証明したごとく，初等輻射論の公理は輻射と吸収とに関する**キルヒホフの定理**の基礎となるのみならず，光線の反射と屈折に関する次の特殊な定理の基礎を与える，すなわち「自然光のかつ同じエネルギーの二つの光線が二つの媒質の界面にそれぞれ一方から，一つは通過の後に，他の一つは反射の後に同一の方向をもつごとく投射されるとき，この合成によって生ずる光線はやはり自然光でかつ同一のエネルギーを有する」．この定理は──実際に私が証明した通り──光学と矛盾せず，しかも電磁光論からの結論として導くことができる．

気体運動論の諸結果が**熱力学**と最もよく調和するのは周知の通りである．

同様にして**電磁的慣性**および**アインシュタインの重力**は，特に後者は新理論におけるより一般的な概念の極限の場合とみなすときに，それぞれ古典理論におけるこれに相当する概念によく適合するのである．

これに反して**近代の量子論**および原子の内部構造に関す

る最新の知見は，従来の本質的に言ってマックスウェルの方程式の上に建設された電気力学とは明らかに矛盾する多くの法則に導いた；それゆえ，何人もそれを認めることであるが，今日の電気力学は当然新しい基礎づけと本質的な変形との必要に迫られている．

以上述べたことからわかる通り，物理学の理論において遭遇する矛盾を除去せんとすれば，つねに公理の選び方を変更しなければならぬ結果になる；そして困難は，すべてのいま問題とした物理法則がここに選択した諸公理からの論理的結論となるように，公理を適当に選ぶことにかかっているのである．

純粋に理論的な知識部門に矛盾が現われる場合には事態はまったくこれと異なる．このような矛盾出現の古典的な例として集合論がある，しかも特にカントールに基づく**すべての集合の集合の逆理**がこれである．この逆理は極めて重大であったから，例えばクロネッカーとかポアンカレというごとき高名な数学者はこの逆理のあるのを機会に集合論の全理論に——この数学中の最も豊かなかつ最も強力な知識部門に対して——その存在の資格を拒もうとさえ考えたくらいであった．

この不安定な状態に公理的研究法が救済をもたらした．ツェルメロが適当な公理を設定することにより，一方においては集合の定義の任意性を，他方においては集合の元素に関する命題の自由性をそれぞれ一定の方法によって制限して，問題となった矛盾を除きかつまた制限を課せられた

にかかわらず，理論の効果と応用とにおいては以前とかわらないように集合論を展開することに成功した．

すべてこれまでの場合において取扱われた矛盾はそれが一つの理論の展開の際に現われ，かつ公理系を変形してこれを除去しようとすれば困難が起こるというごときものであった．しかし矛盾の出現によって危殆に瀕した「最も厳密な学問の典型」なる数学の名声を回復しようとするには，現存する矛盾を避けるのみでは十分ではない；公理論の原理的要請は，さらに一歩を進めて一つの知識部門の内部においては，ここに設定した公理系に基づく限り**およそ矛盾なるものの存在が不可能なること**を認識せんとするところにある．

この要請に沿って私は**幾何学基礎論**において幾何学的公理からの結論に起こる矛盾はすべて実数系の算術において知りうるものでなければならぬことを示すことにより，そこに設定した公理の無矛盾を証明した．

物理学的知識部門に対しては同様に**その内的無矛盾**は算術の公理の無矛盾に帰着せしむれば十分である．したがって私は**初等輻射論**の公理の無矛盾を証明するのに，解析学の無矛盾を仮定し，解析的に独立な部分を用いて輻射論の公理を作った．

数学の理論を建設する際に，時には上に述べたようにすることが可能であり，また当然かくすべき場合がある．例えばガロアの群論を展開する場合に**根の存在**の定理を，あるいは素数論においてリーマン関数 $\zeta(s)$ の**ゼロ点のあり**

方に関する定理をそれぞれ公理とみなしたとすれば、公理系の無矛盾の証明は、まさに根の存在定理を、あるいは関数 $\zeta(s)$ に関するリーマンの定理を解析学の手段によって証明することにほかならない——そしてかくしてはじめて理論の完成が確かめられるのである.

実数に対する公理系の無矛盾は集合論の諸概念を用いて整数の公理系の無矛盾に帰着せしめることができる;これはワイエルシュトラスおよびデデキントの無理数論の功績であった.

ただ二つの場合,すなわち**整数**そのものの公理および**集合論**の基礎を問題にする場合には、他の特殊な知識部門へ帰着せしむる方法を用いることのできないのは明らかである,およそ論理学以外にはなんらの採用しうる原理が存在しないからである.

しかし無矛盾性の吟味は不可避の課題であるから、論理学そのものを公理化し、そして数論および集合論がともに論理学の一部分にすぎないことを証明することが必要であると思われる.

この方法は長い準備の時期を経て——フレーゲの精細な研究もまたこれにあずかってはいるが——最後に明敏な数学者にして論理学者なるラッセルによって最も多くの成果を挙げることができた.ラッセルの**論理学の公理化**なる大規模な企図が完成すれば、これこそ公理化そのものの最大の成功と称しうるであろう.

しかしこの完成にはなお新しい、かつ多方面の研究を要

するであろう．さらに精細に考えると直ちにわかることは，整数および集合の場合における無矛盾の問題は，それが単独に孤立した問題ではなくて，数学独特の色彩を帯びた最も困難な認識論の問題の大領域に属することである；この問題群を特徴づけるために私は**数学の問題の解法可能の原理**の問題，数学研究の既成成果の**補正可能**の問題，数学的証明の**簡単さの判定条件**を求むる問題，数学および論理学における**内容と形式**との関係の問題，そして最後に有限個の操作による数学問題の**決定可能**に関する問題を列挙しよう．

そしてわれわれはこの種のすべての問題が統一的に理解され，かつ説明されないうちは論理学の公理化に満足することはできない．

上に挙げた諸問題のうちで特に最後の有限個の操作による決定可能に関する問題は，それが数学的思惟の本質に触れるところがあるので，最もよく知られまた最も多く論ぜられるところである．

私はここでこの問題が多少の役割を演ずる二三の数学の特殊問題を示して，この問題に対する関心を増すことを試みたい．

代数的不変式論において周知のごとく次の基礎定理が成り立つ：すなわち「つねに有限個数の不変有理整式が存在し，他の不変整式はすべて，これらの式を元とする有理整式として表わされる」というのがこれである．この定理の最初に私が与えた証明は，その簡単さと見透しのよいこと

において，まったくわれわれの要求に適うものであると信じる；しかしこの証明を変形して，これによってこの有限個の不変式の個数の限界を与えるごとく，またはこれらの有限個の不変式を実際に作る手段を与えるごとくすることはできない．不変式の完全系の確立のために，有限個の，しかもその個数の上限が実際に算出しえられるごとき，操作のみを必要とすることを知ろうとすれば，恐らくまったく別の考察と新しい原理とが必要であったことと思う．

同様の現象を**曲面論**からの一例においても認めることができる．四次代数曲面の幾何学において，その曲面がたかだか幾個のたがいに分離した套面から成り立つかということは一つの基本的な問題である．

この問題の第一の解答は，套面の個数が有限でなければならぬことの証明である；これははなはだ簡単に次のごとく関数論的方法によることができる．いま無限に多くの套面があると仮定し，おのおのの套面の囲む空間の部分にそれぞれ一点を選ぶ．しからばこれらの無限個の点の集積点は代数曲面には存在しえない種類の特異点を与えることとなる．

この関数論的方法では決して套面の個数の上限を求めることはできない；このためにはさらに何か曲面の交点の個数に関する考察を必要とし，これによってついに套曲面の個数が 12 よりも多くはありえないことがわかる．

第一の方法とは全然異なるこの第二の方法を応用し，もしくは適当に変形しても 12 個の套面を有する四次曲面が

実際に存在するや否やを決定しうるようにすることはできない.

四変数の四次形式は35個の同次係数を有するから, 与えられた四次曲面は34次元の空間の一点として直観化することができる. 四変数の四次形式の判別式はその係数について108次である. これをゼロに等しと置けばそれは34次元空間の108次曲面を表わす. 判別式の係数は一定の整数であるから, 2次元および3次元空間においてわれわれが慣用する法則によって, 判別曲面の位相幾何学的性質を確定することができる, すなわちこの判別曲面が34次元空間を分かつ個々の部分の性質と意味との正確な知識をうることができる. さて同一の部分領域の点の表わす四次曲面は確かにすべて同数の套面を有するから, 極めて困難でありかつ長々しい計算ではあるが, とにかく有限の計算によって, 套面の個数が12を超えない四次曲面が存在するか否かを決定することができる.

この幾何学的考察は, それゆえに, 四次曲面の套面の最大個数の問題を論ずる第三の方法である. この考察は有限個の操作によって問題を決定しうることを証明する. これで原理的にはわれわれの問題の主要な要請に到達したといえる: この問題はしかし π の小数展開の第 $10 \ (10^{10})$ 位の数字を求めるという類である. ——その解きうることは明らかであるが, 解を実際には知ることのできない問題である.

しかしローンは深く困難な代数的幾何学的研究の結果,

四次曲面で 11 個の套面を有するものは存在せず，これに反し 10 個の套面を有するものは実在することを証明した．すなわちこの第四の方法がはじめてわれわれの問題に完全な解決をもたらしたのである．

この特殊な説明により同一の問題に対してもいかに多くの証明方法を適用することができるかを示し，またこの説明から，有限個の操作による決定可能性のごとき問題の解明に成功しようとするには，数学の証明それ自身の本質を研究することがいかに必要であるかを了解することができる．

ここに述べた有限個の操作による決定可能の問題を一例とする前に挙げた原理的諸問題の全体は一つの重要な新しく開発された研究分野を構成する．そしてこの分野を征服するには，ちょうど天文学者が自己の観測場所の運動を考慮し，物理学者がその実験装置の理論に苦心し，また哲学者が理性そのものを批判するごとく，数学独特な証明の概念そのものを研究の対象としなければならない——と私は確信するのである．

けれどもこのプログラムを実行することは現在[*]ではなお未解決の問題である．

終りに公理的方法の本質に関する私の一般的見解を二三の言葉に要約したい．

---

[*]　（訳者註）　1917 年の現在の意味に解すべきである．その後約十年にしてヒルベルトの証明論が形成されたが，1942 年のいまにおいても実数の理論の基礎は依然として未解決である．

すべて科学的思惟一般の対象となりうるものは，それが一つの理論を形成するに足りる成熟に達するや否や，公理的方法の，したがって間接には数学の適用を可能ならしめる．前述の意味において公理の段階を絶えず深めることにより，われわれはまた科学的思惟の本質をいよいよ深く洞察し，かつわれわれの知識の統一をいよいよ明らかに自覚するにいたる．公理的方法なる特徴において数学は科学一般における一つの指導的役割を賦与されている．

解　説

中村幸四郎

§1. ヒルベルトの幾何学基礎論の成立

　東プロイセンのケーニヒスベルクは哲学者カントがその生涯を送った土地として著名であるが，ダーヴィッド・ヒルベルト (David Hilbert) は1862年この同じケーニヒスベルクに判事オットー・ヒルベルトの一子として生誕し[*]，現在八十歳の高齢をもって現存世界数学者の最高峰の一と仰がれる人である．不変式論，整数論，物理学への応用数学，気体運動論，積分方程式論——現在ヒルベルト空間と呼ばれるものはこの理論の中に現われた——物理学基礎論，数学基礎論等々ヒルベルトが足跡を印し，また開拓の先鞭をつけた分野は広くかつ豊かであったが，ここに訳出の主題とした幾何学の基礎に関する研究は，時代的には1890年から1900年代の初めにいたるおよそ十年間，不変式論，整数論の大研究に次いでなされたヒルベルト壮年期の鋭く深い思索の所産である．

---

　[*]　O. Blumenthal, Hilberts Lebensgeschichte. *Ges. Math. Abh.* Bd. Ⅲ. (1935) 388-429. 以後 H. L. として引用する．

この邦訳の底本とした

　　　Grundlagen der Geometrie. 7. Aufl. (1930)

は幾何学の基礎理論に関する本論と幾何学に関する附録5個，それに算術および数学の基礎に関する附録5個より成る四六版300頁余，叢書 Wissenschaft und Hypothese の一冊である．ここではこの本論たる幾何学基礎論，それに附録第六「数の概念について」および講演「公理論的思惟」（全集第3巻146-156頁所載）とを訳出した．この三者相互の本質的な関連は後にいたって明らかになると思う．

　元来，この本論はヒルベルトが1898-1899年の冬学期にゲッチンゲン大学における「ユークリッド幾何学原論」(Elemente der Euklidischen Geometrie) なる講義に基づく．これはヒルベルトの助手フォン・シャーペル (von Schaper) によって筆記整理され，現在ゲッチンゲン大学の数学教室に保存され，成書には見られぬ多くの例と示唆とを含み極めて有益であるということである．この講義の内容が論文の形に整理されて，ゲッチンゲンにあるガウス・ウェーバー記念碑建設の記念論文として1899年に発表さ

---

*) 記念論文においては，採用された公理はI. 結合の公理　II. 順序の公理　III. 平行の公理　IV. 合同の公理　V. アルキメデスの公理であったが，第2版 (1903) においては平行の公理と合同の公理との順序が交換され，アルキメデスの公理の後に完全性の公理が追加された．この公理の順序の変更から生起する問題については，Baldus, Zur Axiomatik der Geometrie I. Über Hilberts Vollständigkeitsaxiom. *Math. Ann.* 100 (1928) 321-333 を参照せよ．

れた．その後附録 I-V をつけ，公理を多少変更して成書 „Grundlagen der Geometrie" (2. Aufl. 1903) となった*)．記念論文からの仏訳および英訳があり，また林鶴一，小野藤太両氏による邦訳が第四版に基づいてなされた（大正二年〔1913〕）．原著において第五，六の両版は第四版の複刻であり，本論と附録 I-VII より成る．われわれの手許にある第七版（1930）においては，本論とそれのほとんど二倍に達する分量の附録 I-X をもつ上述の体裁を具うるものとなった．ことに第六版と第七版を比較してみると，第七版ではところどころ本質的な変更，削除などがあり，活字も全部組み替えられ図も新しく画き換えられてある．

われわれはさらにヒルベルトの幾何学基礎論の成立にいたる内的過程を追求しよう．1890年頃にいたるヒルベルトの研究は主として不変式論および整数論であったから，有限あるいはたかだか可附番無限の立場にあったということができる．幾何学基礎論に関連して一つの転期が見出される．すなわち低段階の無限より高段階の無限への——特に連続性への転換がこれである．

しかし連続性の研究に一歩を踏入れたヒルベルトの幾何学基礎論における態度はむしろ最初には消極的な傾向すなわち「連続性の除外」なる方向がとられた**)．

───────────

**) しかしヒルベルトの幾何学基礎論の最も後期の論文たる附録 IV: Über die Grundlagen der Geometrie (1902) にいたっては，これとまったく対蹠的な立場がとられた．すなわち連続性の仮定を初頭より利用しつくすことにより，今日のいわゆる位相

1891年ウィーナー*)がハルレで催された自然科学者大会の席上で行った講演はヒルベルトの幾何学基礎論の成立に対して一つの重要な動機となっている．すなわちこの講演においてウィーナーは，平面上の点と直線とを与えられた対象とし，それの結びと交わりを作ることを与えられた操作とし，この対象にこの操作のみを有限回施してえられるいわゆる交点定理の領域を考え，これに属するすべての定理は交点定理の一種なるデザルグの定理とパスカルの定理とを仮定すれば，ことごとく証明しえられることを述べ，特に射影幾何学の基本定理がこの二つから連続性の仮定もしくは無限操作を追加要求することなしに導きうることを述べた．かくのごとくにして一般に，対象と対象間の結合操作が与えられるとき，他の仮定を追加せずに，この対象に与えられた操作のみを繰り返して，当時の意味において「幾何学の公理に独立に，しかも幾何学に平行して」一つの抽象的学問の展開が可能なるや否やを問題とした．ちょうどそのころ射影幾何学を講じたヒルベルトにとってこの問題は関心に値した．この学会の帰途すでにヒルベルトはこの問題の遂行に専心した．そしてベルリンの一停車場の待合室で同行の幾何学者（恐らく A. Schoenflies と E.

幾何学的論法を用いて運動群の特徴をとらえることによって幾何学を基礎づけることが研究された．これはリーマン・ヘルムホルツの思想環に属する問題であり，当時新興の集合論の方法を駆使して目的に到達しえたところに特にこの論文の意義が存する．

*) H. Wiener: Grundlagen und Aufbau der Geometrie, *Jahresber, D. M. V.* 1 (1891) 45-48.

Kötter) と幾何学公理について討論し,「点, 直線, 平面の代わりに, テーブル, 椅子, ビールコップを使っても幾何学ができるはずだ」という警句を吐いたことが記憶されている[*]. これはすでに 1891 年, すなわち幾何学基礎論の発表に先立つこと 8 年以前に, ヒルベルトにはその幾何学基礎論における独創的な見解, すなわち「数学的には幾何学的概念の直観的内容が本質的ではなくて, 幾何学的概念の公理による結び付き具合が問題である」という見解が把握されていたことの証拠となるところである.

1894 年夏学期にヒルベルトは非ユークリッド幾何学を講義し, その結果がクラインに宛てた手紙の形式で書かれた附録Ⅰの論文「二点の最短連結線としての直線について」となった.

この論文は 1894 年 8 月 14 日付となっているが, この論文の歴史的重要性は, その中に, 後に幾何学基礎論の中にとられたのとまったく同様の結合および順序の公理などがあり, かつ順序の公理はパッシュ[**]によるものなることが明記されていることである.

1895 年の春ヒルベルトはゲッチンゲン大学の正教授として, ケーニヒスベルクから移り住み, ついにここに永住することとなった. しかし 1898 年に, その冬学期に前述の「ユークリッド幾何学原論」の講義予告をなすまでヒルベルトの周囲の人々はこの思想とこの理論との成熟について

---

[*] H. L. S. 403.
[**] Pasch: *Vorlesungen über neuere Geometrie* (1882).

知るところがなかった．

　当時ヒルベルトは整数論の第一人者であったから，この講義予告は学生にとっても，また「数体論的散歩」(Zahlkörperspaziergang) に加わることのできるゼミナールの人々にとっても，それはひとしく一つの驚異であった．しかし講義が開かれ，論義が進展するにしたがい，その内容見解の革新性のゆえに人々は一層の驚異と感銘とを深くしたのであった．

§2. ヒルベルトの幾何学基礎論の立場

　遠くギリシャの昔において素朴的な数学はプラトンの思想の影響を経過した後，数学それ自身としての学問的方法を確立することができた．まことに数学的方法成立の過程は人間精神史上の一つの重大な出来事であった[*]．

　ここでいう数学的方法とはユークリッドの「幾何学原本」によって代表される，定義—公準—公理を基礎におく証明的方法のことである．まず定義はこれによって点，直線，円等の幾何学的基本概念を説明し，公準，公理はこれらの基本概念から出発してすべての幾何学の定理を純粋に論理的に推論しうるために必要な基本概念間の関係を規定する．そして特に公理に対して要求されることは，それが自明な真理でなければならぬことである．かくてわれわれの図形に対する知見は定理の形に述べられ，これがこの定

---

[*] 詳しくは，例えば三宅剛一『学の形成と自然的世界』第二章，第一節．下村寅太郎『科学史の哲学』第 106-168 頁を参照せよ．

義―公準―公理の基礎の下に論理的に演繹しえたときにはじめて真なるものとして承認されたのである．この論法の特徴は（第一）に公理が自明な真理たること，すなわちその明証性と，（第二）に定理の証明の過程を幾何学的直観に依存することなしに，純粋に論理的に遂行しようとするところにある．

しかしユークリッドの「幾何学原本」においてすべての基礎の概念を反省し分析しつくしえたとはいえない．例えば順序の概念のごとき，あるいは図形の運動可能性のごとき，未だ暗々裡に仮定され，直観的自明として証明の中に密輸入されていた．

パッシュの「新幾何学講義」*）における論法は次のごとくである．すなわちわれわれの空間的幾何学的直観から若干個の対象をとり，これを基本概念（Kernbegriff）と呼びこれには定義を与えない．他の概念を導来概念と呼び，これには定義を与える．またわれわれの空間的幾何学的直観から若干個の命題を取り出しこれを基本命題（Kernsätze）と呼び，これを他の命題の証明の前提にとる．基本命題は数学において取扱われる経験的素材をすべて包含せねばならず，この基本命題系の確立後は純粋に論理的推論が可能なるごときものでなければならない**）．パッシュの論法は概念構成の素朴的状態が抽象化によって論理的完成にいた

---

*） Pasch: *Vorlesungen über neuere Geometrie*（1882）および
Pasch-Dehn: 同名の書（1926）．前節§1参照．

**） Pasch-Dehn, *op. cit.*, S. 15-16.

る間の一つの中間的段階であるということができる．

　この経験主義とも言いうるパッシュの立場を，ヒルベルト理論の一つの先駆者とみなしうる根拠は，その基本命題系の論理的分析が極めて緻密であって，ユークリッドにおいて看過されていた順序の概念の公理的把握に，特にいまもなおパッシュの名を冠せられる二次元の順序公理の発見にかかっているといえる．要するにパッシュによってわれわれは極めて精密な一つの公理系を知りえたのである．

　また経験主義の当然の結果として，パッシュの採用した基本命題系が整合的体系の基礎となりうるか否かの検討は，やはりわれわれの直観の保証にまつほかはなかった．すなわちこの点に関してはパッシュは未だ素朴的立場以上には出ることができなかった．パッシュの基本命題系によって証明のうちからは直観への依存を除きえたとするも，その基本命題，すなわち公理とその概念構成のうちには，直観的なるものが依然として混入しているのであった．

　幾何学において証明のうちからはもちろん，公理からも，はたまた基礎の概念構成のうちからも，空間的幾何学的直観への依存を除き，これに代えるのに論理的関係をもってしようとする徹底的な論理的立場はヒルベルトによってはじめて到達しえたところである．

　その結果として幾何学の基礎概念は前もって定義され説明されることなく，公理によって間接的に定義されるものとなった．公理は自明なる真理たる意味を失い，あるいはわれわれの経験を表現するものたるを要せず，それはただ

学問建設のために必要なる基礎概念の間の関係を定める仮定にすぎなくなった．したがって点，直線，平面といっても，これが必ずしもわれわれの直観的な点，直線，平面に限ることを要しない．与えられた公理を満足する限りにおいて，それはいかなるものであってもよいのである．まさに歴史的挿話のごとくに「テーブル，椅子，ビールコップ」であっても差支えないわけである．

このごとき純粋に仮定的な公理の基礎の上に築かれる演繹体系において追求され問題となるのは「真なる具体性」ではなくて，むしろ個々の対象から具体性を抽象してえられたものの間の「可能な形式性」である．一般にヒルベルトのこの立場に立つ数学が形式主義と呼ばれ，その目的とするところが「形式の形成」にあると言われる根拠は実にここにあるのである．

しからばこの形式性の可能，不可能の弁別は何を標準とし，何によって可能であるか．この弁別の標準となり，しかも数学の確実性を保証する論理的の唯一のよりどころとなるものは公理系の無矛盾性以外にはない．すなわちこの公理系を出発点として一つの命題とその否定命題とが同時に結論されないことである．かくてヒルベルトの理論において公理系の**無矛盾性の問題**が最も根本的な不可避の問題となるのである．

幾何学基礎論第2章§9においてヒルベルトは実数を用いてデカルト幾何学を作り，これによって幾何学公理から導きうる矛盾ありとすれば，それが実数系の算術における

矛盾として認識されねばならぬことを示した．すなわち幾何学公理の無矛盾性の問題は実数の公理系の無矛盾性の問題に転嫁されたのである．問題は依然として残っている．いかにして実数系の算術の公理化が可能であるか．いかにしてその無矛盾が証明されるか．

本書に訳出した「数の概念について」は第一の問題に対して一つの解答を与える．この論文の頭初における数概念導入に関する生成的方法と公理的方法との対比は特に注意さるべきである．公理的方法が幾何学において成立したのが極めて古いのに対し，算術の基礎的方法として生成的方法の原理が確立したのは 1867 年のことである．すなわちハンケルがその著『複素数系の理論』*) において数の四則演算に対して成立する諸法則，すなわち結合律，交換律，分配律をとらえ，これから数概念形成の原則として「形式不易の原理」を確立したのであった．爾来，算術の理論は主として生成的に論ぜられるものとなったが，ヒルベルトはこの習慣を克服して算術もまた公理的方法の最適なる対象たることを明示した．同時にこれは算術の基礎を論じたヒルベルトの最初の論文である．問題は依然その公理系の無矛盾性の証明にかかっているが，この論文ではヒルベルトはその証明のためには本質的に新しい証明論法を必要とするということの言及のみにとどまり，これ以上の解決には到達しなかった．

---

*) Hankel: *Theorie der complexen Zahlensysteme* (1867).

次に公理系の**独立性，従属性の問題**である*)．これは幾何学の理論において次の二様の形において出現する．その**第一**はいわゆる平行線の問題である．すなわちユークリッドの平行線の公理が残余の幾何学公理から論理的に導きうるや否やという極めて有名な問題である．またデデキントはその著『数とは何ぞや』の序文の中において次の例について述べている．すなわち「同一直線上にない任意の三点 A, B, C をとる，ただし距離 AB, BC, CA の比は代数的数であるとする．いま空間において AM, BM, CM の AB に対する比がまた代数的数なるごとき M 点のみが存在すると考えれば，このごとき点より成る空間はいたるところ不連続である．この空間には不連続性およびこの間隙のあるにかかわらず，ユークリッド幾何学原本にある作図は，完全に連続な空間におけるとまったく同様に成立することがわかる．したがってユークリッド幾何学においてはこの空間の不連続性は全然気づかれないに違いない」**)．これは連続性公理がユークリッドの他の公理から独立なることを示すものであって，実際ヒルベルトはこの例における方法を精錬して連続性公理の独立を証明する論法を作っている（幾何学基礎論§12）．**第二**には採用せる公理群を論理的にできるだけ簡潔にし，公理間の論理的重複を避けるという方針として現われる．ヒルベルトは「幾何学原論」の中で

---

*) 『幾何学基礎論』第 2 章 §§ 10-12.

**) R. Dedekind: *Was sind und was sollen die Zahlen?* (1887). Vorwort. VIII.

「諸公理そのものを正確に研究し，その相互の関係を明らかにし，公理の個数をできるだけ少くする」[*]ことを述べている．ヒルベルトの理論はかくのごとくにして，平行線問題なる古来の難問題を公理の命題相互間の論理的関係という一般的問題の中に吸収して，その論理的本質を明らかにした．

公理系の満足すべき第三の条件として**完全性**が要求される．一つの公理系が完全であるとの意義は一様ではないが，ヒルベルトの幾何学基礎論においては公理系が完全であるとは，この幾何学の構成元素の集合が与えられた公理を全部成立せしめる限りでは，もはやこれ以上拡大不可能なることを意味する（第1章§8）．このことが精密に分析されて公理 V_2 となり，そしてこの根拠の下に完全性の定理（第1章§8定理32）の成立が証明される．この完全性定理の意味は極めて注目に値する．すなわちこれは点，直線，平面などの幾何学的対象のみならず，およそ考えうべきもの一般に関する命題である．

再び実数の無矛盾性の問題に戻ろう．実数の理論はデデキントの切断の概念，もしくはカントールの基本列の概念の導入により，集合論の方法を用いてこれを自然数の理論に帰着せしめることができるが，ここに最も決定的な困難に遭遇する．それは集合論における背理の出現である[**]．

---

[*] H. L. S. 403.
[**] 集合論における背理の出現は，すなわち全数学の危機である．ヒルベルトの公理的方法に基づく「形式主義」はこの数学の

ヒルベルトはこれを避けるために算術と論理学とを同時に公理化する方法をとった．しかしヒルベルトは算術の基礎については直観への依存を全然排除する立場をとらず，その依存の限界を明確に限定せんとした，すなわち「有限の立場」がこれである．ヒルベルトはこれらの思想を 1904 年ハイデルベルクの第三回万国数学者会議の講演「論理学と算術の基礎について」[*] において発表した後，この方面における研究は 1920 年頃の研究再開にいたる間，しばらく中絶したのであった．この中間に本書に訳出した講演「公理論的思惟」がなされた．

この講演（1917 年 9 月）はヒルベルト自身による公理的方法一般に関するただ一つの説明であり，しかも広くその適用の範囲を見渡し，かつ極めて平明な論調でなされたものである．

ヒルベルトの「証明理論」(Beweistheorie) が発展し，ゲーデル，ゲンツェンらによって重要な結果がえられるまでにはさらに十年の歳月を要するのであるが，実数の理論は，しかし，依然今日にいたるまで完成するにいたらないのである．

　　危機を打開し，数学の重要な諸結果を存亡から免れしめんとした一つの試案と言うべきである．これ以外の立場もまたもちろん可能である．例えば Brouwer の「直観主義」がこれである．末綱恕一，荒又秀夫共著『数学通論』（岩波版，昭和十七年）附録第六章を参照せよ．

[*]　G. 附録 VII.

「証明しうべきものは証明なしに信ぜられてはならない」[*].しかしすべてのものを証明せんとするのではなく,われわれが証明すべきものと証明せざるものとの別を明らかにすることが真の理論的ということができよう.これはガウスより出でデデキントを経て,ヒルベルトに伝承された数学的精神の特徴である.ヒルベルト公理論の形成はすなわちガウス=デデキント伝統の一つの発展にほかならない.

§3. ヒルベルトの幾何学基礎論の問題[**]

幾何学基礎論第1章および第2章は公理系の設定,その無矛盾性,独立性および完全性を論じ,問題は深くヒルベルト理論の立脚点に関連し,幾何学を超えて数学一般の原理に,さらに数学の認識の問題に連なる.これに反して第3章以下終章にいたるまで主として幾何学内部の問題が論ぜられる.この理論的展開において個々の問題を取扱う指導原理ともいうべきものとして次の諸点を指摘することができる.

　　　第一　平行線公理の除外

---

[*]　Dedekind 前出書緒言冒頭の言葉.
[**]　ヒルベルトの幾何学的業績一般についての解説としては M. Dehn: Hilberts geometrisches Werk, *Naturwissenschaften*. 10 Jahrg. Heft 4. (1922) S. 77-82. および A. Schmidt: Zu Hilberts Grundlegung der Geometrie. *Hilberts Ges. Abh.* Bd. II. (1933) 404-414. がある.ともに本文作成の際に参照した.

第二　連続公理の除外
第三　立体幾何学と平面幾何学の論理的差別

第一の方針はすでに第1章に現われるが，これは公理の選択の条件を「有限の範囲にのみ成立する公理を用いて幾何学を建設する」というクラインの見解に適合せしめるためである．

第二の方針たる連続性の除外，もしくは連続性への最小限度の依存は，ここではアルキメデスの公理を満足しない幾何学の建設という形において現われる．非アルキメデス幾何学はヒルベルト以前にヴェロネーゼ*)によって初めて研究されたが，この場合にはその無矛盾性は考慮されていず，かつこの結果には欠点のあることがヘッセンベルクによって指摘された．ヒルベルトはまず非アルキメデス数系を作り (第2章§12)，かつこの上に矛盾なき非アルキメデス幾何学を作ることに成功した．

第三の方針は従来不明瞭であった平面幾何学と立体幾何学の論理的構造の差別を明らかにしうるために，また平面幾何学を空間に依存せず自律的に基礎づけるためにも重要な意義を有する．例えば立体幾何学においてデザルグの定理は公理 I, II, IV* から直ちに結論しうるのに反し，平面幾何学においてはデザルグの定理は平面に関する公理 I$_{1-3}$, II, IV* からは導出できない (第5章§23定理54)，この結果空間の一部とはみなしえない平面幾何学の存在するこ

---

*)　Veronese, *Fondamenti di Geometria* (1891). これには独訳 Veronese-Schepp, *Grundzüge der Geometrie* (1894) がある．

とが明らかにされた.

ヒルベルトの幾何学基礎論を一つの統一におく見方が可能である. すなわちこの基本的原理が**線分算**である. すなわち幾何学公理の根拠の下に, 幾何学のうちに数の概念を導入するのである. そしてこの目的のためにも, 数の概念の徹底的公理化の必要があった（第3章§13）.

さて線分算によって導入されるものは**体の概念**であるから, したがってこの方法をまた**幾何学の代数化**（Algebraisierung der Geometrie）あるいは**体の幾何学**という. そしてこの代数化の観点に立つとき, 以下に述べるごとく, 第3章以下の諸結果に極めてよい見透しが与えられる.

（第一） **可換的代数化** 公理 I_{1-3}, II, III, IV, すなわち連続公理を除く平面公理の基礎の下に, まずパルカルの定理が証明できる（第3章§14）. パスカルの定理を用いてその乗法が交換可能な体を作ることができる（第3章§15）. この交換可能な代数化の基礎の上に, ヒルベルトは連続の公理なしに, 比例の理論の基礎を確立した. この事柄の意義は多少の説明を必要とするであろう.

ユークリッドの幾何学原本において異彩を放つものは, その第5巻比例論である. そしてそれは次の二個条に基礎をおいている. すなわちユークリッドは大小の比較可能な量を線分をもって代表せしめて, これについて次のことを基礎におく.

(1) （比の存在の条件） a, β を任意の二つの線分とす

るとき，α を有限回，例えば n 回，繰り返し加え合せることにより，その和 $n\alpha$ をして β よりも大ならしめることができる（エウドクソス゠アルキメデスの公理）．

(2) （比の相等の定義）$\alpha, \beta, \alpha', \beta'$ を任意の四つの線分とするとき，線分の比 $\alpha:\beta$ と $\alpha':\beta'$ とが相等しいとは，任意の自然数 m, n の組に対して，次の関係の第一列にあるいずれか一つが成り立つとき，つねに第二列にあるこれに対応する関係が成り立つことである．

$$\text{I}\begin{cases}n\alpha > m\beta \\ n\alpha' > m\beta'\end{cases} \quad \text{II}\begin{cases}n\alpha = m\beta \\ n\alpha' = m\beta'\end{cases} \quad \text{III}\begin{cases}n\alpha < m\beta \\ n\alpha' < m\beta'\end{cases}$$

（ユークリッド幾何学原本巻五，定義5）．

(1) と (2) から，ε を単位の線分とするとき，一つの線分 α に対してはただ一つの比 $\alpha:\varepsilon$ が対応することが証明される[*]．

また比 $\alpha:\beta$ が一つの数に対応すると考えるとき，上述の I, II, III は有理数をそれぞれ r よりも小なる，r に等しい，r よりも大なる組に分けることを意味する．すなわちここに有理数のデデキントの切断と同様の操作が認められる[**]．このようにして比例論が連続性の問題に結びついていることがわかる．しかるにヒルベルトはこの比の相等の定義を，可換的代数化の方法により，積極的に連続性公

---

[*] 髙木貞治『新式算術講義』(1904) 第9章§10参照．

[**] しかし古典数学と近代数学とは数学的存在に対する根本理念と歴史的類型とを異にする．したがって古典的比例論すなわちデデキント連続論と断言することはできない．

理と独立に基礎づけうることを明らかにしたのである（第3章§16）.

ヒルベルトはまた同じ仮定 I_{1-3}, II, III, IV, すなわち連続性なきユークリッド幾何学において，面積論を展開することに成功した．元来面積の理論は，例えば円の面積の計算のごとく，すでにギリシャの昔から無限算法の対象となり，この意味で連続性の問題と関連を有していた．しかし多角形の面積は無限算法を用いずに論じえられるが，面積と面積測度の存在問題は，素朴的に取扱われて，直観的にその存在が承認されていた．ヒルベルトはまず連続性を除いた理論において，等積性の概念を明確にし，かつ面積測度の存在を明らかにした．この意味において面積理論の近代化に成功したものと言うことができる（第4章）.

（第二）**非可換的代数化**

第二の線分算として，公理 I_{1-3}, II, IV* とデザルグの定理との基礎の上に**デザルグ数系**が作られる．デザルグ数系とはその乗法が必ずしも交換可能でない，順序づけられた体である（第5章§§24-29）．かつデザルグ数系の存在が実例をもって示される（第5章§33）．この数体を基礎にして，第5および第6章の主要な結果がえられる．

まずデザルグの定理は立体幾何学において，すなわち I, II, IV* から証明可能であるが（第5章§22），平面幾何学 I_{1-3}, II, IV* では証明不可能である．この不可能性の証明として I_{1-3}, II, IV* のほかに III_{1-4}, V を満足しかつデザルグの定理の成立しない実例を挙げる（第5章§23）．

ここで平面と立体とが，詳しくはI_{1-3}とIとが問題となるが，デザルグ数系の上に作った解析幾何学を使駆することによって，I_{1-3}, II, IV* を満足する平面幾何学をI, II, IV* を満足する立体幾何学に拡大できるための必要かつ十分な条件は**デザルグの定理の成り立つ**ことなることを明らかにした（第5章§30）．

　第二の交点定理として**パスカルの定理**を問題とする．線分算の乗法の定義から直ちに，パスカルの定理の成立と線分算の乗法の交換可能とが対等な条件なることがわかる．

　上に述べた数体の実例を用いて，パスカルの定理はI, II, IV*, V_1^* から証明可能であるが，I, II, IV* からは証明不可能なることが示される（第6章§31定理57, 58）．

　また I_{1-3}, II, IV* を仮定すれば，パスカルの定理からデザルグの定理を証明することができる（第6章§35定理61）．この定理の拡張ともいうべき次の定理が成り立つ．すなわち I_{1-3}, II, IV* を仮定すれば，パスカルの定理から任意の純交点定理が証明可能となる（第6章§35定理62）．この最後の定理はこの解説のはじめに挙げた**ウィーナーの問題**に対する一つの完全な解決であるということができる．

（第三）　**総体的実数体**（Total reelle Körper）

　デカルトが後に解析幾何学と呼ばれるようになった幾何学的新論法を導入した根拠は，主として作図題の解法として統一的な代数学の**方法**を応用することにあったといっても過言ではないであろう．ヒルベルトの作図理論（第7章）においてもこの傾向は顕著である．まず作図問題の「解法

の可能性」(Lösbarkeit) と「実行の可能性」(Ausführbarkeit) とが区別され，実行方法として定規と定長尺との使用が考えられ，幾何学的作図がこの制限において実行可能なための条件が確定された (第7章§34定理64)．そしてこの問題においてもまた代数的概念たる総体的実数体が決定的な役割を演ずる．

最後に，ユークリッド幾何学原本第2巻および第6巻はツォイテンのいわゆる**幾何学的代数学**[*]である．すなわち第2巻は有理数の代数学，第6巻は比例論の応用としての無理数の代数学である．そして幾何学原本の内容を，ギリシャ数学が遭遇した「無理数論の危機」の数学的解決の一表現と解するとき，この幾何学的代数学のもつ極めて重要な意義が明らかになる．

ヒルベルトの線分算の全理論に対する役割ははなはだこれに類似している．そしてこの場合に全理論に一貫するところのものは，体 (Körper) の概念を中心とする抽象的論法である．この線分算の運用によってヒルベルトは比例，面積，作図などの諸理論をとらえきたり，これにまったく徹底的な現代的解釈を与えることができたのである．

ヒルベルトの幾何学基礎論は幾何学という実例において一つの数学的抽象論法の完成を示したものともいうことができる．しからばこの新しい意味における公理的方法はその後の数学にいかなる影響を与えたか．ここではただ1920

---

[*] Zeuthen, *Geschichte der Mathematik im Altertum und Mittelalter*, Kopenhagen 1896, SS. 38-54.

年以後において，ヒルベルト自身の証明理論の方向，すなわち無矛盾性の問題環においてではなく，数学自体の中に**抽象数学**の顕著なる発現と発達と興隆の事実あることを述べるだけにとどめよう．抽象数学の形成を論ずるのは，けだしこの解説とは別個の問題であるからである．(2602.10.5.)

解説　中村幸四郎畢生の訳業

佐々木　力

　ヒルベルト著／中村幸四郎訳『幾何学基礎論』(弘文堂, 1943；清水弘文堂, 1969) を新たに, ちくま学芸文庫版として世に問うにあたって, 訳者自身による解説は付されているのであるが, その解説執筆からすでに60年以上経過している事情に鑑み, 原解説を補う意味から, 以下, その現代的意義に関して, (1) 本訳書の特徴, (2) 原著の成立と数学史的意義, (3) 訳者について, 所見を綴ってみたい.

　(1) 本訳書は, David Hilbert, *Grundlagen der Geometrie* (Leipzig und Berlin: B. G. Teubner, 7,1930) を底本にしてなったものであるが, その後, 同原典を基にして, 寺坂英孝・大西正男訳が『幾何学の基礎』の標題で, クラインの名著『エルランゲン・プログラム』の邦訳とともに共立出版の「現代数学の系譜7」として公刊されている (1970). また本訳書以前には, 林鶴一・小野藤太訳が, 第4版を底本にして, 『幾何学原理』の標題で1913年に出版されている. 大倉書店で企画された林鶴一監修の「数学叢書」の第15編としてであった.

　共立版には優れた特徴がいくつかあるが, 『幾何学の基礎』の本文のみならず, 幾何学基礎論の枠を超えた数学の

基礎づけ全般に関するI-Xの付録がすべて訳されている点が最大の長所であろう．

　これらの付録は，しかしながら，注意して読まれる必要がある．私は著者のダーフィト・ヒルベルトによって原著初版が1899年に出版されて以来の著者生前最後の版である第7版が刊行された1930年までの付録における算術の無矛盾性についての所説を系統的に検討したことがある．周知のように，算術の無矛盾性の証明は厳密には不可能であることが1930-31年，クルト・ゲーデルによって示された（不完全定理）．しかしヒルベルトは時に算術の無矛盾性の証明がすでになされたかのように吐露し，それを後年の版では何の断りもなしに訂正するという作為をなしている．このような数学史的に興味深い点もが本書の刊行史を辿り直すことによって学ぶことができる．

　本訳書は原著の付録まで含めた全訳でこそなけれ，ヒルベルトの公理論的思考に拠った形式主義的立場の初心である幾何学基礎論の要点を，ドイツ語に通暁した幾何学者の訳者によって達意の日本語になっていることが最大の特色と言うことができるであろう．その意味では，前記の共立版訳書によっては乗り越えられてはいないと言うことができる．

　訳者の中村は共立出版の「輓近高等数学講座」の一冊として，『幾何学基礎論』を1934年に世に問うたことがあり，本書の内容に賭けた訳者の熱情の一斑がうかがわれる．まさしく本訳書こそ，幾何学者中村の畢生の訳業であった．

(2) 原著の初版は 1899 年刊であるが，ヒルベルトは郷里にあるケーニヒスベルク大学で教鞭を執っていた 1890 年頃から幾何学基礎論に関する講義を行なっていた．この講義は，ゲッティンゲン大学に移籍した 1895 年以降，本格化する．こういった経緯で公刊されたのが本書の原典だったわけである．訳者は，その講義ノートの存在に触れているが，今日では，その幾何学に関する講義ノートが，Michael Hallett and Ulrich Majer, eds., *David Hilbert's Lectures on the Foundations of Geometry, 1891-1902* (Berlin/Heidelberg/New York: Springer, 2004) として陽の目を見ている．公刊された原典の諸版だけではなく，講義ノートをも参照することによって，ヒルベルトの思想の発展が数学史的に精確に捉えられるようになったわけである．

　ヒルベルトの重要著作は，本書の原典に加えて，『著作集』全 3 巻（*Gesammelte Abhandlungen*, 3 Bde, Springer, 1932-35；$_2$1970）をもってほぼ包括的に集成されるものと考えられてきたが，没後，講義ノートを中心とする遺稿を基として，後継者のパウル・ベルナイスらによって『著作集』第 4 巻が企画されたことがある．しかし，それは実現されないままになっていた．この度の基礎論講義ノート・シリーズの包括的公刊によって，この 20 世紀数学の巨星の実像が鮮明に浮かび上がることとなる．この基礎論講義シリーズは今後，全 6 巻で公刊される予定である．

　前述の幾何学基礎論関係の第 1 巻の内容だけを簡潔に紹介しておくこととする．まず，1891 年のケーニヒスベルク

大学における「射影幾何学」に関する講義 (Ch.1), 1894年の同大学における「幾何学基礎論」に関する講義 (Ch.2), 1896年と98年のゲッティンゲン大学におけるギュムナジウム教員のためのイースター「祝日講義」(Ch.3), 1898-99年の同大学における「ユークリッド幾何学の基礎」に関する講義 (Ch.4), 1899年の本書初版本 (Festschrift; Ch.5), そして最後に1902年のゲッティンゲン大学における「幾何学基礎論」の講義ノート (Ch.6) である．

本書は第7版を基として訳されたものであるが，本書初版が書き下ろされる直前の1898-99年の講義ノート，第7版とは異なる内容の本書初版の原型テキスト，その前後の幾何学基礎論思想の展開が総覧できるようになったわけである．

ヒルベルトの『幾何学基礎論』は，19世紀におけるガウス以来の非ユークリッド幾何学の形成と発展を背景とし，射影幾何学などの新たな展開をも射程に収めて，古代ギリシャで誕生したユークリッド幾何学の諸幾何学の中での位置を論理的に明確にしたものと数学史上，位置づけられる．こうして幾何学理論の無矛盾性は，実数体系の，究極的には，初等算術の無矛盾性に帰着されることになった．これが1899年の時点での数学基礎論の一般的状況であった．

ヒルベルトは幾何学基礎論の分野で巨大な成功を収め，以後は，もっと根源的な算術の基礎について思索を進めていった．それについても講義し，また論文の形で世に問う

ていった．他方，理論物理学の基礎についてもゲッティンゲン大学で講義したり，物理学者たちと一緒に研究ゼミナールを開設したりしている．それらについての講義の全容は，先述の幾何学講義ノートを第1巻とする，*David Hilbert's Lectures on the Foundations of Mathematics and Physics, 1891-1933*, edited by W. Ewald, M. Hallett, U. Majer, and W. Sieg としてシュプリンガー社から出版されることになる．

そういった基礎論研究の思考の道具は，古代ギリシャで誕生した公理主義であった．ヒルベルトはその観点についての自己理解を，本書に付録として訳載されている「公理論的思惟」に簡約にまとめている．この論考は，本来は1917年にチューリヒで講演され，翌年刊行されたものである．この当時のヒルベルトの主たる関心は物理学の公理論化であったが，その事情は「公理論的思惟」にも反映されている．

物理学の公理論的研究は，「物理学へのゲッティンゲン・アプローチ」として，20世紀初頭，一世を風靡したものの，自然への経験的アプローチの側面を軽視する数学者の悪癖が出たものとしてアインシュタインが強く反発したことが今日判明している．この点については，L. パイエンソン『若きアインシュタイン——相対論の出現』板垣良一ほか訳（共立出版，1988）において子細に論じられ，拙著『二十世紀数学思想』（みすず書房，2001）の第2章「ヘルマン・ワイルの数学思想」，第4節「ワイルと現代の数学的物

理学——数学の影の中の相対性理論と量子力学」においても追認されている．他方，ヒルベルトらゲッティンゲン学派の数学者・物理学者の一般相対性理論・量子力学への特異に数学的なアプローチは，直観的イメージから遠く隔絶された自然科学像構築にとっての今日的アプローチの先駆けとして特徴づけることができ，予断なく再検討されるべき内実をもっていることも疑いない．

ヒルベルトの形式主義的数学基礎論のプログラムは，1922年の講演「数学の新しい基礎づけ」(*Gesam. Abh.* Bd. 3, pp. 157-177) によって新たな飛躍をみせることになった．数学理論の無矛盾性の証明を目的とする「メタ数学」ないし「証明論」の考案が提起されたのは，この論考においてである．そして前述の通り，算術の無矛盾性の証明の挫折がゲーデルによって告知されたのは，このプログラムに沿ってであった．今日，哲学一般において「基礎づけ主義」(foundationalism) の挫折が公言されるのは，ヒルベルトの証明論プログラムの蹉跌によるところが大きい．その代わりに脚光を浴びるようになったのはトーマス・S. クーンを旗手とする歴史的アプローチなのである．

このような事情に鑑みる時，ヒルベルトの幾何学基礎論は，公理主義が最も成功を収めた学問領域であったと言うことができるかもしれない．そういえば，古代ギリシャにおいて公理論的アプローチが最も輝いて効果を発揮したのは，ユークリッド『原論』の幾何学に関する諸巻であったし，さらに，古代ギリシャの公理主義が近世西欧世界で復

権した後で，哲学的に比類のない洞察力をもった記述をなしたのは，1657-58年頃執筆されたパスカルの「幾何学的精神について」であった．パスカルのその遺稿は，本来アントワーヌ・アルノーの『新幾何学原論』(1667)のために執筆されたものであった．

本書は，その意味で，公理論的アプローチが最も効果を発揮した事例を体現した著作にほかならないのである．近代数学の画期をなした記念碑的著書というにとどまらず，数学における人類史上最高傑作のひとつと言っても過言ではないかもしれない．

ヒルベルトは幾何学基礎論で一流の業績を挙げた数学者というにとどまらない．整数論，不変式論を中心とする代数学，変分法，数学的論理学，積分方程式論など多様な諸分野で顕著な成果を収めた20世紀前半を代表する大数学者であった．彼は，整数論の分野でのわが国の高木貞治の師としても特筆される．有限次元ユークリッド空間の加算無限次元への自然な拡張としての「ヒルベルト空間」という概念は，彼の積分方程式論から生成をみたものである．20世紀の特異な抽象数学のスタイルは彼を中心として成立を見たと言っても過言ではない．

なお，ヒルベルトの生涯の概略は，C.リード『ヒルベルト——現代数学の巨峰』彌永健一訳（岩波書店，1972）から学べるが，当該書は，一般読者向けに書かれたエピソード集と評されるべき著作であり，今日の数学史研究の水準に適う著述とは必ずしも言えない．さらに数学基礎論関係所

説の展開については，拙著『科学革命の歴史構造』（岩波書店，1985；講談社学術文庫，1995），第五章「ヴァイマル文化と現代数学の始原」，第二節「数学基礎論論争の展開」，3「ヒルベルトの形式主義」を参照していただければ幸いである．

(3) 訳者の中村幸四郎についても若干紹介しておくことにしよう．

中村は1901年6月6日東京に生まれ，1926年東京帝国大学数学科を卒業後，東京高等師範学校講師に就任，1929年6月から1932年3月まで，ドイツとスイスに留学した．チューリヒ工科大学のハインツ・ホップの弟子と言ってよく，彼の下で学んだトポロジーをわが国に最初に輸入した功績で知られる．トポロジーの訳語としての「位相幾何学」，ユークリッド『原論』の邦題は中村の創案による．帰国直後は東京文理科大学，戦後は，大阪大学，関西学院大学，兵庫医科大学で，数学の教鞭を執った．

傍ら，東京文理科大学時代の同僚にして哲学者の下村寅太郎の影響で数学史研究の重要性に目覚め，戦後は，大阪大学の同僚であった原亨吉とともに，その学問の最も堅実な建設をめざした．数学史関連の代表作としては，『数学史——形成の立場から』（共立全書，1981），『近世数学の歴史——微積分の形成をめぐって』（日本評論社，1980）がある．前者は数学の基礎概念の歴史的生成についての好著であり，後者は17世紀の微分積分学成立史についての定評あ

る古典的著作である．

中村は，チャート式数学参考書の中,「基礎から」シリーズの著者としても名を遺しており，数学教育の分野でも大きな足跡を遺した．1986 年 9 月 28 日宝塚で亡くなっている．

東京大学駒場図書館には，中村の旧蔵書の中心部分が「中村幸四郎文庫」の蔵書票を伴って，収蔵されている．没後，遺言によって私を通して東京大学に寄贈されたものである．

このような中村の生の軌跡と作品については，私との共著『数学史対話』（弘文堂, 1987）に詳しい．私は中村の晩年の数学史上最後の弟子のひとりであった．

中村は本訳書を 1942 年夏，ほんの 1 カ月足らずで完成させている．本書の内容に習熟していたがゆえの迅速な仕事ぶりであったのであろう．『数学セミナー』1966 年 2 月号には，中村による「私が影響をうけた一冊の本」の紹介が「にじみ出るヒルベルトの全数学」という見出しの下に掲載されている．そこで中村は自らが訳した本書を取り上げ，翻訳作業が 1942 年 8 月 2 日から 30 日までになされたことを述懐し,「『幾何学基礎論』は，いまここで麗々しく書きたてるまでもなく，現代の意味で axiomatic に数学をやる最初の具体例と申せましょう」と書いている．中村が本格的に数学史研究に向かう以前，最も熱心に学んだ書物は本書だったのであろう．

本書に盛られたヒルベルトの幾何学思想は私自身にとっ

ても感慨深いものがある．私は東北大学理学部に1965年に入学し数学科に進学したのであるが，進学が内定した1966年秋に第2学年後期の数学徒は，片平丁にあった理学部数学科の教室で主要教授たちの講義に列した．幾何学講義を担当したのは，微分幾何学の泰斗，佐々木重夫教授であった．教授はヒルベルトの本書のドイツ語原典を教室に持ち込み，これから専門学問分野として本格的に数学を学ぼうとする者は，ヨーロッパ諸語の原典から知識を得なければならないとし，ヒルベルトによって本書で提示された公理群を学生たちに直接ドイツ語から訳読せしめたものであった．当時19歳だった私にとって，このような学問的手順は数学という専門学問に「大人」として仲間入りをさせる儀式であるかのような気分がしたものであった．

今日の大学数学科での数学の講義においては，線型代数的に書き換えられた幾何学書を学ぶだけで幾何学の学習の過半は終わったものとするのであろうが，私は何か無味乾燥な気持ちがするのを抑えることができない．現代的幾何学の原点としての本書にこそ帰る機会をももつべきであろう．

そういった事情に鑑みる時，現代数学への堅実な入門書として，本訳書が真摯にひもとかれる意義は小さくないと私は真剣に思う．

(ささき　ちから／東京大学大学院総合文化研究科教授／数学史)

本書は一九六九年十一月三十日、清水弘文堂より刊行されたものである。文庫化にあたり新字・新かなに表記を改めた。また読みやすさを考慮し、人名や一部表記を現代ふうに改めた。なお明らかな誤記誤植も訂正した。
［編集部］

数学文章作法 推敲編

結城 浩

ただ何となく推敲していませんか？ 語句の吟味・全体のバランス・レビューなど、文章をより良くするために効果的な方法を、具体的に学びましょう。

数学序説

吉田洋一・赤 攝也

数学は嫌いだ、苦手だという人のために。幅広いトピックを歴史に沿って解説。刊行から半世紀以上にわたり読み継がれてきた数学入門のロングセラー。

ルベグ積分入門

吉田洋一

リーマン積分ではなぜいけないのか。反例を示しつつ、ルベグ積分誕生の経緯と基礎理論を丁寧に解説。いまだ古びない往年の名教科書。 （赤 攝也）

微分積分学

吉田洋一

基本事項から初等関数や多変数の微積分、微分方程式などを、「具体例と注意すべき点を挙げ」丁寧に叙述。長年読まれ続けてきた大定番の入門書。 （赤 攝也）

数学の影絵

吉田洋一

数学の抽象概念は日常の中にこそ表裏する。数学の影を澄んだ眼差しで観照し、その裡にある無限の広がりを軽妙に綴った珠玉のエッセイ。 （高瀬正仁）

私の微分積分法

吉田耕作

ニュートン流の考え方にならうと微積分はどのように展開される？ 対数・指数関数、三角関数から微分方程式、数値計算の話題まで。 （俣野 博）

力学・場の理論

L・D・ランダウ／E・M・リフシッツ 水戸 巌ほか訳

圧倒的に名高い「理論物理学教程」に、ランダウ自身が構想した入門篇があった！ 幻の名著「小教程」がいまよみがえる。 （山本義隆）

量子力学

L・D・ランダウ／E・M・リフシッツ 好村滋洋／井上健男訳

非相対論的量子力学から相対論的理論までを、簡潔で美しい理論構成で登る入門教科書。大教程2巻をもとに新構想の別版。 （江沢 洋）

幾何学の基礎をなす仮説について

ベルンハルト・リーマン 菅原正巳訳

相対性理論の着想の源泉となった、リーマンの記念碑的講演。ヘルマン・ワイルの格調高い序文・解説とミンコフスキーの論文「空間と時間」を収録。

熱学思想の史的展開 2	山本義隆	熱力学はカルノーの一篇の論文に始まり骨格が完成した。熱素説に立ちつつも、時代に半世紀も先行していた。熱素説がついにその姿を現わし、そして重要な概念が加速的に連続的に熱力学が体系化されていく。理論のヒントは水車だったのか？ 隠された因子、エントロピーがついにその姿を現わし、そして重要な概念が加速的に連続的に熱力学が体系化されていく。全3巻完結。
熱学思想の史的展開 3	山本義隆	
重力と力学的世界（上）	山本義隆	《重力》理論完成までの思想的格闘の跡を丹念に辿り、先人の思考の核心に肉薄する壮大な力学史。上巻は、ケプラーからオイラーまでを収録。
重力と力学的世界（下）	山本義隆	西欧近代において、古典力学はいかなる世界を発見し、いかなる世界像を作り出し、何を切り捨ててきたのか。歴史形象としての古典力学。
物理学の誕生	山本義隆	物理学／物理学史に関する論文・講演原稿・書評などを集成、全二巻として刊行する。本書では、古代から近代にかけての自然像の変遷を中心にたどる。（野崎昭弘）
数学がわかるということ	山口昌哉	非線形数学の第一線で活躍した著者が《数学とは》をしみじみと、《私の数学》を楽しげに語る異色の数学入門書。（野崎昭弘）
カオスとフラクタル	山口昌哉	ブラジルで蝶が羽ばたけば、テキサスで竜巻が起こる？ カオスやフラクタルの非線形数学の不思議をさぐる本格的入門書。（合原一幸）
大学数学の教則	矢崎成俊	高校までの数学と大学の数学では、大きな断絶があある。この溝を埋めるべく企図された、自分の中の数学を芽生えさせる、『大学数学の作法』指南書。
数学文章作法 基礎編	結城浩	レポート・論文・プリント・教科書など、数式まじりの文章を正確で読みやすいものにするには？ 『数学ガール』の著者がそのノウハウを伝授！

ユークリッドの窓	レナード・ムロディナウ 青木 薫 訳	平面、球面、歪んだ空間、そして……。幾何学的世界像は今なお変化し続ける。『スタートレック』の脚本家が誘う三千年のタイムトラベルへようこそ。
生物学のすすめ	ジョン・メイナード=スミス 木村武二 訳	20世紀生物学に何が問題になるのか。20世紀生物学に多大な影響を与えた大家が、複雑な生命現象を理解するためのキー・ポイントを易しく解説。
現代の古典解析	森 毅	おなじみ一刀斎の秘伝公開！極限と連続に始まり、指数関数と三角関数を経て、偏微分方程式に至る。見晴らしのきく、読み切り22講義。
ベクトル解析	森 毅	1次元線形代数学から多次元へ、1変数の微積分から多変数へ。応用面と異なる、教育的重要性を軸に展開するユニークなベクトル解析のココロ。
線型代数	森 毅	理工系大学生必須の線型代数を、その生態のイメージと意味のセンスを大事にしつつ、基礎的な概念をひとつひとつユーモアを交え丁寧に説明する。
新版 数学プレイ・マップ	森 毅	一刀斎の案内で数の世界を気ままに歩き、勝手に遊ぶ数学エッセイ。「微積分の七不思議」「数学の大いなる流れ」他三篇を増補。（亀井哲治郎）
フィールズ賞で見る現代数学	マイケル・モナスティルスキー 眞野 元 訳	「数学のノーベル賞」とも称されるフィールズ賞。その誕生の歴史、および第一回から二〇〇六年までの歴代受賞者の業績を概説。
思想の中の数学的構造	山下正男	レヴィ＝ストロースと群論？ ニーチェやオルテガの遠近法、主義、ヘーゲルと解析学、孟子と関数概念……。数学的アプローチによる比較思想史。
熱学思想の史的展開1	山本義隆	熱の正体は？ その物理的特質とは？ 著者による壮大な科学史。熱力学入門書の発見は？その物理的特質とは？著者による壮大な科学史。熱力学入門書としての評価も高い。全面改稿。

乱数	伏見正則
科学と仮説	アンリ・ポアンカレ 南條郁子 訳
数学基礎論	前原昭二
現代数学序説	竹内外史
不思議な数eの物語	松坂和夫
フォン・ノイマンの生涯	E・マオール 伊理由美 訳
概説 人工知能	ノーマン・マクレイ 渡辺正／芦田みどり 訳
工学の歴史	丸岡章
関数解析	三輪修三
	宮寺功

乱数作成の歴史は試行錯誤、悪戦苦闘の歴史でもあった。基礎的な理論から実用的な計算法までを記述した「乱数」を体系的に学べる日本で唯一の教科書。

科学の要件とは何か? 仮説の種類と役割とは? 関連しあう多様な問題を論じる。数学と物理学を題材に、関連しあう多様な問題を論じる。規約主義を初めて打ち出した科学哲学の古典。

集合をめぐるパラドックス、ゲーデルの不完全性定理からファジィ論理、P＝NP問題などのより現代的な話題まで。大家による入門書。(田中一之)

『集合・位相入門』などの名教科書で知られる著者による、懇切丁寧な入門書。組合せ論・初等数論を中心に、現代数学の一端に触れる。(荒井秀男)

自然現象や経済活動に頻繁に登場する超越数e。この数の出自と発展の歴史を描いた一冊。ニュートン、オイラー、ベルヌーイ等のエピソードも満載。

コンピュータ、量子論、ゲーム理論など数多くの分野で絶大な貢献を果たした巨人の足跡を辿る。「人類最高の知性」に迫る。ノイマン評伝の決定版。

爆発的かつ非体系的に発展したAI。その基盤となる核心的アイデア、研究・開発の歴史、可能性と限界を平易に語る人工知能入門。文庫オリジナル。

オイラー、モンジュ、フーリエ、コーシーらは数学者であり、同時に工学の課題に方策を授けていた。「ものづくりの科学」の歴史をひもとく。

偏微分方程式論などへの応用をもつ関数解析。バナッハ空間論からベクトル値関数、半群の話題まで、その基礎理論を過不足なく丁寧に解説。(新井仁之)

ゲームの理論と経済行動III	ノイマン／モルゲンシュテルン 銀林／橋本／宮本監訳 銀林／宮本訳	第III巻では非ゼロ和ゲームにまで理論を拡張。これまでの数学的結果をもとにいよいよ経済学的解釈を試みる。全3巻完結。
計算機と脳	J・フォン・ノイマン 柴田裕之訳	脳の振る舞いを数学で記述することは可能か? 現代のコンピュータの生みの親でもあるフォン・ノイマン最晩年の考察。新訳。(中山幹夫)
数理物理学の方法	J・フォン・ノイマン 伊東恵一編訳	多岐にわたるノイマンの業績を展望するための文庫オリジナル編集。本巻は量子力学・統計力学など物理学の重要論文四篇を収録。全篇新訳。(野崎昭弘)
作用素環の数理	J・フォン・ノイマン 長田まりゑ編訳	終戦直後に行われた講演「数学者」と、「作用素環について」I〜IVの計五篇を収録。一分野としての作用素環論を確立した記念碑的業績を網羅する。
新・自然科学としての言語学	福井直樹	気鋭の文法学者によるチョムスキーの生成文法解説書。文庫化にあたり旧著を大幅に増補改訂し、付録として黒田成幸の論考「数学と生成文法」を収録。
電気にかけた生涯	藤宗寛治	実験・観察にすぐれたファラデー、電磁気学にまとめたマクスウェル、ほかにクーロンやオームなど科学者十二人の列伝を通して電気の歴史をひもとく。
科学の社会史	古川安	大学、学会、企業、国家などと関わりながら「制度化」の歩みを進めて来た西洋科学。現代に至るまでの約五百年の歴史を概観した定評ある入門書。
ロバート・オッペンハイマー	藤永茂	マンハッタン計画を主導し原子爆弾を生み出したオッペンハイマーの評伝。多数の資料をもとに、政治に翻弄・欺かれた科学者の愚行と内的葛藤に迫る。
科学的探究の喜び	二井將光	何を知り、いかに答えを出し、どう伝えるか。そのプロセスとノウハウを独創的研究をしてきた生化学者が具体例を挙げ伝授する。文庫オリジナル。

算数・数学24の真珠	野﨑昭弘	算数・数学には基本中の基本〈真珠〉となる考え方がある。ゼロ、円周率、＋と－、無限……、数学のエッセンスを優しい語り口で説く。(亀井哲治郎)
数学の楽しみ	テオニ・パパス 安原和見訳	ここにも数学があった！　石鹼の泡、くもの巣、雪片曲線、一筆書き、パズル、魔方陣、DNAらせん……。イラストも楽しい数学入門150篇。(細谷暁夫)
相対性理論(下)	W・パウリ 内山龍雄訳	アインシュタインが絶賛し、物理学者内山龍雄をして「研究に没頭したかった」と言わしめた相対論三大名著の一冊。
調査の科学	林 知己夫	消費者の嗜好や政治意識を測定するとは？　集団特性の数量的表現の解析手法を開発した統計学者による社会調査の論理と方法の入門書。(吉野諒三)
インドの数学	林 隆夫	ゼロの発明だけでなく、数表記法、平方根の近似公式、順列組み合せ等大きな足跡を残してきたインドの数学を古代から16世紀まで原典に則して辿る。(佐々木力)
幾何学基礎論	D・ヒルベルト 中村幸四郎訳	20世紀数学全般の公理化への出発点となった記念碑的著作。ユークリッド幾何学を根源まで遡り、斬新な観点から厳密に基礎づける。
素粒子と物理法則	R・P・ファインマン／S・ワインバーグ 小林澈郎訳	量子論と相対論を結びつけるディラックのテーマに対照的に展開したノーベル賞学者による追悼記念講演。現代物理学の本質を堪能させる三重奏。
ゲームの理論と経済行動Ⅰ ゲームの理論と経済行動(全3巻)	ノイマン／モルゲンシュテルン 銀林／橋本／宮本監訳 阿部 橋本訳	今やさまざまな分野への応用いちじるしい「ゲーム理論」の嚆矢とされる記念碑的著作。第Ⅰ巻はゲームの形式的記述とゼロ和2人ゲームについて。
ゲームの理論と経済行動Ⅱ	ノイマン／モルゲンシュテルン 銀林／橋本／宮本監訳 銀林／橋本／下島訳	第Ⅰ巻でのゼロ和2人ゲームの考察を踏まえ、第Ⅱ巻ではプレイヤーが3人以上の場合のゼロ和ゲーム、およびゲームの合成分解について論じる。

微分と積分　遠山 啓

微分積分は本質にねらいを定めて解説すれば意外に簡単なものである、と著者は言う。暧昧な説明や証明の省略を一切排した最高の入門書。「構造」や「帰納と演繹」といった基本的な考え方が示されている。（新井仁之）

初等整数論　遠山 啓

整数論には数学教育の柱となる「楽しさ」を第一に考えた入門書。（黒川信重）

オイラー博士の素敵な数式　ポール・J・ナーイン　小山信也 訳

数学史上最も偉大で美しい式を無限級数の和やフーリエ変換、ディラック関数などの歴史的側面を説明した後、計算式を用い丁寧に解説した入門書。

遊歴算家・山口和「奥の細道」をゆく　鳴海 風　高山ケンタ・画

全国を旅して数学を教えた山口和。彼の道中日記をもとに数々のエピソードや数学愛好者の思いを描いた和算時代小説。文庫オリジナル。

不完全性定理　野﨑昭弘

理屈っぽいとケムたがられないけれどそれを楽しめたら……。いまさら数学者にはなたっぷりになるほどと納得させながら、話題も、ユーモアたっぷりにもといたゲーデルへの超入門。

数学的センス　野﨑昭弘

美しい数学とは詩なのです。いまさら数学者にはなれないけれどそれを楽しめたら……。そんな期待に応えてくれる心やさしいエッセイ風数学再入門。

高等学校の確率・統計　黒田孝郎／森毅／小島順／野﨑昭弘ほか

成績の平均や偏差値はおなじみでも、実務の水準とは隔たりが！ 基礎からやり直したい人のために事実・推論・証明……。なるほどと納得させながら、話題にもとづく、中身のある、読んで楽しい入門書。

高等学校の基礎解析　黒田孝郎／森毅／小島順／野﨑昭弘ほか

わかってしまえば日常感覚に近いものながら、数学挫折のきっかけの微分・積分。その基礎を丁寧にひもといた再入門のための検定教科書第2弾！

高等学校の微分・積分　黒田孝郎／森毅／小島順／野﨑昭弘ほか

高校数学のハイライト「微分・積分」！ その入門コース『基礎解析』に続く本格コース。公式暗記の学習からほど遠い、特色ある教科書の文庫化第3弾。

対称性の数学 高橋礼司

モザイク文様等〝平面の結晶群〟ともいうべき周期性をもった図形の対称性を考察し、視覚イメージから抽象的な群論的思考へと誘う入門書。（梅田亨）

数理のめがね 坪井忠二

物のかぞえかたといった身近な現象から、勝負の確率で到達すべく、卓抜した数学的記述で簡明直截に書かれた天才エッセイ。後半に「微分方程式雑記帳」を収録する。

一般相対性理論 P・A・M・ディラック 江沢洋訳

一般相対性理論の核心に最短距離で到達すべく、卓抜した数学的記述で簡明直截に書かれた天才ディラックによる入門書。詳細な解説を付す。

幾何学 ルネ・デカルト 原亨吉訳

哲学のみならず数学においても不朽の功績を遺したデカルト、『方法序説』の本論として発表された『幾何学』、初の文庫化！

数とは何かそして何であるべきか リヒャルト・デデキント 渕野昌訳・解説

「数とは何かそして何であるべきか？」「連続性と無理数」の二論文を収録。現代の視点から数学の基礎付けを試みた充実の訳者解説を付す。新訳。

代数的構造 冨永星訳 キース・デブリン

ビジネスにも有用な数学的思考法とは？ 言葉を厳密に使い、量を用いて考える、分析的に考えるといったポイントからとことん丁寧に解説する。（銀林浩）

現代数学入門 遠山啓

群・環・体など代数の基本概念の構造を、構造主義の歴史をおりまぜつつ、卓抜な比喩でていねいな計算で確かめていく抽象代数学入門。

代数入門 遠山啓

現代数学、恐るるに足らず！ 学校数学より日常の感覚の中に集合や構造、関数や群、位相の考え方を探る大人のための入門書。（エッセイ 亀井哲治郎）

文字から文字式へ、そして方程式へ。巧みな例示と丁寧な叙述で「方程式とは何か」を説いた最晩年の名著。遠山数学の到達点がここに！（小林道正）

確率論入門　赤攝也

現代の初等幾何学　赤攝也

現代数学概論　赤攝也

数学と文化　赤攝也

新式算術講義　高木貞治

評伝 岡潔 星の章　高瀬正仁

評伝 岡潔 花の章　高瀬正仁

数は科学の言葉　トビアス・ダンツィク　水谷淳訳

常微分方程式　竹之内脩

ラプラス流の古典確率論とボレル–コルモゴロフ流の現代確率論。両者の関係性を意識しつつ、確率の基礎概念と数理を多数の例とともに丁寧に解説。

ユークリッドの平面幾何を公理的に再構成するには？　現代数学の考え方に触れつつ、幾何学が持つ基礎概念を体感できるよう初学者への配慮溢れる一冊。

初学者には抽象的でとっつきにくい〈現代数学〉。「集合」「写像とグラフ」「群論」「数学的構造」といった基本的な概念を手掛かりに概説した入門書。

諸科学や諸技術の根幹を担う数学、また「論理的・体系的な思考」を培う数学。この数学とは何ものなのか？　数学の思想と文化を究明する入門概説。

算術は現代でいう数論。数の自明を疑わない明治の読者にこの分野の最新学説で説く「解析概論」の著者若き日の意欲作。（高瀬正仁）

詩人数学者と呼ばれた、数学の世界に日本的情緒を見事開花させた不世出の天才・岡潔。その人間形成と研究生活を克明に描く。誕生から研究の絶頂期へ。

野を歩き、花を摘むように数学的自然を彷徨した伝説の数学者・岡潔。本巻は、その圧倒的数学世界を、絶頂期から晩年、逝去に至るまで丹念に描く。

数感覚の芽生えから実数論・無限論の誕生まで、数万年にわたる人類と数の歴史を活写。アインシュタインも絶賛した数学読み物の古典的名著。

初学者を対象に基礎理論を学ぶとともに、重要な具体例を取り上げ、それぞれの方程式の解法と解について解説する。練習問題を付した定評ある教科書。

ゲルファント／グラゴレヴァ／シノール やさしい数学入門 関数とグラフ	坂本實 訳	数学でも「大づかみに理解する」ことは大事。グラフ化＝可視化は、関数の振る舞いをとらえる強力なツールだ。世界的数学者による入門書。
確率論の基礎概念	A・N・コルモゴロフ 坂本實 訳	確率論の現代化に決定的な影響を与えた『確率論の基礎概念』に加え、有名な論文『確率論における解析的方法について』を併録。全篇新訳。
物理現象のフーリエ解析	小出昭一郎	熱・光・音の伝播から量子論まで、振動・波動にもとづく物理現象とフーリエ変換の関わりを丁寧に解説。物理学の泰斗による名教科書。（千葉逸人）
ガロワ正伝	佐々木力	最大の謎、決闘の理由がついに明かされる！難解なガロワの数学思想をひもといた後世の数学者たちにも迫った、文庫版オリジナル書き下ろし。
はじめてのオペレーションズ・リサーチ	齊藤芳正	問題を最も効率よく解決するための科学的意思決定の手法。当初は軍事作戦計画として創案されたが、現在では経営科学等多くの分野で用いられている。
システム分析入門	齊藤芳正	意思決定の場に直面した時、問題を解決し目標を達成する多くの手段から、最適な方法を選択するための論理的思考。その技法を丁寧に解説する。
数学をいかに使うか	志村五郎	「何でも厳密に」などとは考えてはいけない──。世界的数学者が教える「使える」数学とは。文庫版オリジナル書き下ろし。
数学をいかに教えるか	志村五郎	日米両国で長年教えてきた著者が日本の教育を斬る！掛け算の順序問題、悪い証明と間違えやすい公式のことから外国語の教え方まで。
記憶の切繪図	志村五郎	世界的数学者の自伝的回想。幼年時代、プリンストンでの研究生活と多くの数学者との交流と評価。巻末に「志村予想」への言及と記録を収録。（時枝正）

数学フィールドワーク

算法少女
上野健爾

父から和算を学ぶ町娘あきは、算額に誤りを見つけ声を上げた。と、若侍が……。和算への誘いとして定評の少年少女向け歴史小説。
箕田源二郎・絵
(鳴海風)

演習詳解 力学 [第2版]
遠藤寛子

経験豊かな執筆陣が妥協を排し世に送った最高の演習書。練り上げられた問題と丁寧な解答は知的刺激に溢れ、力学の醍醐味を存分に味わうことができる。
江沢洋／中村孔一／山本義隆

原論文で学ぶアインシュタインの相対性理論
唐木田健一

ベクトルや微分など数学の予備知識も解説しつつ、一九〇五年発表のアインシュタインの原論文を丁寧に読み解く。初学者のための相対性理論入門。

医学概論
川喜田愛郎

医学の歴史、ヒトと病気のしくみを概説。現代医療で見過ごされがちな「病人の存在」を見据えつつ、「医学とは何か」を考える。
(酒井忠昭)

複素解析
笠原乾吉

複素数が織りなす、調和に満ちた美しい数の世界とは。微積分に関する基本事項から楕円関数の話題までがコンパクトに詰まった、定評ある入門書。
(中村桂子)

新しい自然学
蔵本由紀

科学的知のいびつさが様々な状況で露呈する現代、非線形科学の泰斗が従来の科学観を相対化し、全く新しい自然の見方を提唱する。
(飯高茂)

ガロアの夢
久賀道郎

ガロア群により代数方程式は新たな展開を見た。群、関数論、トポロジーの相互作用が織り出す数学の面白さ。伝説の名著復活。

ゲルファント 座標法
ゲルファント／グラゴレヴァ／キリロフ
坂本實 訳
やさしい数学入門

座標は幾何と代数の世界をつなぐ重要な概念。数直線のおさらいから四次元の座標幾何までを、世界的数学者が丁寧に解説する。訳し下ろしの入門書。

微分積分、指数対数、三角関数などが文化や社会、科学の応用場面でどのように使われているのか。さまざまな応用場面での数学の役割を考える。

神経回路網の数理	甘利俊一	複雑な神経細胞の集合・脳の機能に数理モデルで迫る、ニューロコンピュータの基礎理論を確立した記念碑的名著。AIの核心技術、ここに始まる。
アインシュタイン論文選	アルベルト・アインシュタイン ジョン・スタチェル編 青木薫訳	「奇跡の年」こと一九〇五年に発表された、ブラウン運動・相対性理論・光量子仮説についての記念碑的論文五篇を収録。編者による詳細な解説付き。
アインシュタイン回顧録	アルベルト・アインシュタイン 渡辺正訳	相対論などの数々の独創的な理論を生み出した天才が、生い立ちと思考の源泉、研究態度を語った唯一の自伝。貴重写真多数収録。新訳オリジナル。
入門 多変量解析の実際	朝野熙彦	多変量解析の様々な分析法。それらをどう使いこなせばいい？ マーケティングの例を多く紹介し、ユーザー視点に貫かれた実務家必読の入門書。
公理と証明	彌永昌吉 赤攝也	数学の正しさ、「無矛盾性」はいかにして保証されるのか。あらゆる数学の基礎となる公理系のしくみと証明論の初歩を、具体例をもとに平易に解説。
地震予知と噴火予知	井田喜明	巨大地震のメカニズムはそれまでの想定とどう違っていたのか。地震理論のいまと予知の最前線の提言の書。整理し、その問題点を鋭く指摘するコラム。
ゆかいな理科年表	安原和見訳	えっ、そうだったの！ 数学や科学技術の大発見大発明大流行の瞬間をリプレイ。ときにニヤリ、ときになるほどとうならせる、愉快な読みきりコラム。
位相群上の積分とその応用	アンドレ・ヴェイユ 齋藤正彦訳	ハールによる「群上の不変測度」の発見、およびその後の諸結果を受け、より統一的にハール測度を論じた画期的著作。本邦初訳。（平井武）
問題をどう解くか	ウェン・A・ウィケルグレン 矢野健太郎訳	初等数学やパズルの具体的な問題を解きながら、解決に役立つ基礎概念を紹介。方法論を体系的に学ぶことのできる貴重な入門書。（芳沢光雄）

幾何学基礎論

二〇〇五年十二月　十　日　第一刷発行
二〇二五年　十月二十五日　第八刷発行

著　者　　Ｄ・ヒルベルト
訳　者　　中村幸四郎（なかむら・こうしろう）
発行者　　増田健史
発行所　　株式会社　筑摩書房
　　　　　東京都台東区蔵前二─五─三　〒一一一─八七五五
　　　　　電話番号　〇三─五六八七─二六〇一（代表）
装幀者　　安野光雅
印刷所　　株式会社精興社
製本所　　株式会社積信堂

乱丁・落丁本の場合は、送料小社負担でお取り替えいたします。
本書をコピー、スキャニング等の方法により無許諾で複製する
ことは、法令に規定された場合を除いて禁止されています。請
負業者等の第三者によるデジタル化は一切認められていません
ので、ご注意ください。

©JOJI NAKAMURA 2018 Printed in Japan
ISBN978-4-480-08963-3 C0141

ちくま学芸文庫